大号字体 方便阅读

高清版

Family nutrition

家庭营养荤菜 1688 例

策划·编写 犀文圖書

浙江科学技术出版社

前　言
Preface

　　中华传统饮食文化源远流长，不仅融色、香、味为一体，而且造型精美。时移世易，中华饮食文化还不断加入创新元素，将营养、美味与健康调配得和谐统一。为此，我们隆重地推出了这一套字体清晰、图文并茂，特别适合中老年人阅读的高清版家常营养食谱。

　　这套食谱以家常菜为主导，包括《孕产期营养食谱 1688 例》、《婴幼儿营养食谱 1688 例》、《地方特色菜 1688 例》、《家庭营养甜品 1688 例》、《家庭健康药膳 1688 例》、《快手学厨艺 1688 例》、《家庭营养主食 1688 例》、《家庭营养点心 1688 例》、《家庭营养素菜 1688 例》、《家庭营养糖水 1688 例》、《名菜家做 1688 例》、《家庭营养粥 1688 例》、《家庭营养汤 1688 例》、《家庭营养荤菜 1688 例》、《四季营养餐 1688 例》、《女人生理调养食谱 1688 例》、《蒸炒炖煮烧卤熏 1688 例》和《五脏营养调理食谱 1688 例》，共 18 本，涵盖了东西南北的风味，传统与创新的搭配，既家常又不失美味和健康。

　　《家庭营养荤菜 1688 例》秉承营养与美味相结合、烹饪手法与技巧相结合的原则，按主材料分类，介绍了数百道家庭营养荤菜、数百个营养功效以及数百个贴心提示，让读者在学着做的过程中做到零障碍，学得轻松，吃得美味。本书配有彩色图片，步步详解，图文对应，视觉与味觉并重，美味与健康兼具，很适合家庭参考使用。

编　者

2015 年 8 月

C目　　录
ontents

畜肉类　　　　　　　　　　　　　　　　XUROU

畜肉类

回锅肉

主料：熟猪五花肉 250 克。

辅料：食用油、干辣椒、黑木耳、汤、青蒜、料酒、酱油、白醋、糖、辣椒酱、盐、味精、葱各适量。

制作方法

1. 干辣椒、黑木耳泡至回软，洗净；青蒜洗净切段；葱切片。

2. 将猪五花肉切成长方形薄片，下入五成热油中滑散滑透，倒入漏勺沥油。

3. 炒锅上火烧热，加食用油，用葱片炝锅，烹料酒，加入辣椒酱、白醋、糖、酱油、盐、味精，添汤，下入肉片、干辣椒、黑木耳、青蒜，煸炒入味，淋明油即可。

【营养功效】黑木耳具有滋养脾胃、益气强身、舒筋活络、补血活血之功效。

小贴士

因黑木耳具有活血抗凝的功效，所以鼻出血、血痢等出血性疾病患者均不宜食用。

菠萝咕噜肉

主料：猪肉 250 克，菠萝 80 克，鸡蛋 1 个。

辅料：食用油、青椒、红椒、番茄酱、白醋、糖、水淀粉、料酒、盐各适量。

制作方法

1. 将猪肉洗净切片，加入盐、料酒、鸡蛋、水淀粉拌匀腌渍；菠萝切成小块；青椒、红椒切小块。

2. 油锅加热至四成热时，放入肉片炸成金黄色，炸好的肉片复炸一次，然后捞出。

3. 锅中加食用油，用中小火加热，放入番茄酱慢慢炒出红油，然后放入糖、白醋、盐，做成糖醋调味汁，淋水淀粉，加入菠萝拌匀，倒入肉片、青椒、红椒炒匀即可。

【营养功效】猪肉对增强机体抗病力、细胞活力及器官功能有明显作用。

小贴士

这道菜以甜酸汁烹调，上菜时香气四溢。

豇豆烧白肉

制作方法

1. 豇豆洗净，切段；猪五花肉切粒，加上盐拌匀；干辣椒切小段。

2. 炒锅放食用油烧至六成热，放入猪肉粒煸炒至酥香，放入酱油稍炒，出锅盛在碗里待用。

3. 净锅放食用油烧热，放入干辣椒段和花椒炒至红棕色，放入豇豆段，用小火将豇豆段煸炒出水分，加上炒好的猪肉粒，放入料酒，撒上味精，淋上香油和辣椒油，炒匀即可。

【营养功效】此菜具有滋阴补血、清热化腻、养脾健胃的功效。

小贴士

　　五花肉肉色较红者，表示肉较老，最好不要购买。

主料：猪五花肉100克，豇豆400克。

辅料：食用油、干辣椒、花椒、盐、酱油、料酒、味精、香油、辣椒油各适量。

淡菜酥腰

制作方法

1. 将猪腰撕去皮膜，在腰臊部位划刀口，洗净血水，切成片；火腿切成片。

2. 将淡菜洗净放在大碗内加满水，上笼蒸熟取出，捞出淡菜（汤汁去沉渣留用），拣去杂物洗净，放在汤碗的一边，另一边放入猪腰片，中间放火腿片。

3. 加入盐、葱段、姜片、料酒、味精和蒸菜用的原汤汁，上笼蒸15分钟左右取出，拣出葱、姜，淋入食用油即成。

【营养功效】此菜可补肾气，通膀胱，消积滞。

小贴士

　　此菜猪腰不要去腰臊，以保持其特别风味。

主料：猪腰180克，淡菜50克。

辅料：食用油、盐、味精、葱、料酒、姜、火腿各适量。

苦瓜肥肠

主料: 大肠 200 克,苦瓜 150 克。

辅料: 食用油、红椒、蒜、料酒、豆瓣酱、糖、胡椒粉、淀粉各适量。

制作方法

1. 苦瓜洗净,切条状;大肠先洗净,煮烂再取出,切成短段;红椒切斜片;蒜剁成末。

2. 用食用油先炒蒜末,再放入大肠同炒,接着放苦瓜,烹料酒,并加入豆瓣酱、糖、胡椒粉。

3. 小火烧入味,同时放入红椒片,烧至汤汁稍收干时,加水淀粉勾芡即可盛出。

【营养功效】苦瓜具有清心明目、益气壮阳、清火消暑之功效。

小贴士

选择色泽浅白、颗粒粗大的苦瓜,这种苦瓜苦味较轻,质地较软嫩。

蒜子焖猪尾

主料: 猪尾巴 200 克,蒜子 50 克。

辅料: 食用油、清汤、青椒、红椒、酱油、料酒、糖、淀粉各适量。

制作方法

1. 将猪尾巴斩成段;蒜子去衣;青椒、红椒切成件。

2. 锅内放食用油烧沸,下入猪尾炸约 1 分钟,捞起,接着下入蒜子略炸。

3. 另起锅,将蒜子、猪尾、青椒、红椒投入,烹料酒,加入酱油、糖、清汤,焖约 10 分钟,加水淀粉勾芡,出锅即可。

【营养功效】蒜含有的挥发油主要成分为大蒜素和大蒜辣素,能温中健胃、解毒杀虫,具有较高的保健价值。

小贴士

内虚火旺、胃及十二指肠溃疡、眼病患者不宜食大蒜。

青椒炒猪肚

制作方法

1. 红椒、青椒洗净，切成细条，放入盐腌渍片刻。酱油、淀粉放入碗内，加鸡汤勾兑成芡汁。

2. 将猪肚用淀粉抓洗干净，切成细条，与盐、酱油、淀粉搅拌均匀，腌渍入味。

3. 炒锅烧油至七成热时，下红椒、青椒煸炒，再放入香油，加入猪肚煸炒几下，调入芡汁翻炒，撒上芝麻即可。

【营养功效】猪肚具有补中益气、止渴消肿、益脾健胃、助消化、止泄抑泻之功效。

小贴士

胆固醇过高者当少食或不食猪肚，消化功能差的人不宜多食。

主料： 猪肚 250 克，青椒 200 克。

辅料： 食用油、香油、淀粉、芝麻、酱油、红椒、鸡汤、盐各适量。

花椰菜炒咸肉

制作方法

1. 将嫩花椰菜洗净，摘成小朵；咸肉切成片；蒜剁成蓉。

2. 将花椰菜和咸肉分别放入沸水锅中余熟，捞起沥干水分。

3. 炒锅上火，放食用油烧热，下蒜蓉、咸肉炒香，烹料酒，加入花椰菜、糖、鲜汤，煮沸片刻加味精即成。

【营养功效】咸肉有开胃、祛寒、消食的功效。

小贴士

用清水漂洗咸肉并不能达到退盐的目的，如果用盐水来漂洗，漂洗几次，则咸肉中所含的盐分就会逐渐溶解在盐水中，最后用淡盐水清洗一下就可烹制了。

主料： 咸肉 80 克，嫩花椰菜 250 克。

辅料： 食用油、蒜、料酒、鲜汤、糖、味精各适量。

青瓜肉丁

主料: 猪里脊肉 150 克, 黄瓜 150 克, 冬笋 50 克, 鸡蛋 1 个。

辅料: 食用油、清汤、面粉、葱、蒜、料酒、米醋、盐、味精、花椒油、水淀粉各适量。

制作方法

1. 把猪里脊肉洗净, 改刀切成丁, 加入鸡蛋、水淀粉、面粉拌匀成糊状; 冬笋切丁。

2. 将黄瓜丁与料酒、米醋、盐、味精、葱花、蒜片、水淀粉和清汤一起调成芡汁。

3. 锅内放食用油烧至五成热时, 倒入猪里脊肉丁滑炒至熟, 再倒入冬笋丁炒, 捞出。原锅留油, 复置火上烧热, 倒入肉丁和冬笋丁, 烹入兑好的黄瓜芡汁, 迅速炒匀, 淋上花椒油即可。

【营养功效】 此菜有清热利水、降低血脂、养肝明目之功效。

小贴士

冬笋存放时不要剥壳, 否则会失去清香味。

糖醋排骨

主料: 猪肋排 400 克, 鸡蛋 1 个。

辅料: 食用油、红醋、淀粉、面粉、盐、料酒、红糖各适量。

制作方法

1. 把猪肋排切成段, 用盐与料酒腌 20 分钟, 然后拌入蛋清, 裹一层面粉, 再放到淀粉里面裹一层。

2. 猪肋排放入热的食用油里小火炸至断生, 再放至八成热的油里, 中火炸至金黄色捞起。

3. 用红糖和红醋调成汁, 锅内留油倒入调好的汁, 煮开, 放入炸透的排骨翻匀, 用水淀粉勾芡即可。

【营养功效】 此菜具有滋阴壮阳、益精补血之功效。

小贴士

红醋和葡萄酒、蜂蜜搭配, 不但营养丰富, 而且对慢性胃病也有一定的治疗作用。

青蒜烧肉

制作方法

1. 五花肉洗净切块，青蒜择洗干净切段。

2. 炒锅中倒入食用油烧热，炒香姜片，投入猪肉块煸炒出油，撇去油，加入料酒、盐、酱油、糖，继续煸炒至肉块上色。

3. 倒入浸过肉块的清水，用大火烧开，转用小火焖烧至肉块九成熟时，放入青蒜段，翻匀后焖烧至肉块酥烂、青蒜柔软即可。

【营养功效】青蒜可以抗炎灭菌，防治肿瘤。

小贴士

将肉块中的油多煸出一些，可避免成菜后五花肉过于油腻。

主料: 五花肉 250 克。

辅料: 食用油、青蒜、酱油、糖、姜、料酒、盐各适量。

熘腰花

制作方法

1. 将猪腰剖成两半，剞斜十字花刀，改切成块，加入蛋清及淀粉搅匀；黄瓜切片。

2. 小碗中加入酱油、糖、白醋、盐、味精、水淀粉，调成芡汁。炒锅加食用油，烧至八成热时，下入腰花，炒散炒透，倒入漏勺。

3. 原锅留油，用葱、姜末、蒜片炝锅，烹料酒，下入黄瓜片煸炒，放入腰花，泼入调好的芡汁，翻熘均匀，淋花椒油即可。

【营养功效】此菜可健肾补腰，和肾理气。

小贴士

猪腰特别适宜肾虚热、性欲较差者食用。

主料: 猪腰 200 克，黄瓜 100 克，蛋清 40 克。

辅料: 食用油、料酒、酱油、白醋、糖、盐、味精、花椒油、葱、蒜、姜、淀粉各适量。

红烧猪舌

主料: 猪舌 100 克，冬笋 50 克，香菇 30 克，青蒜 50 克。

辅料: 香油、冰糖、料酒、葱、姜、盐、味精各适量。

制作方法

1. 将猪舌先用水烫后刮去粗皮，切成块；姜切成片；葱切段；冬笋去壳，内皮切成梳背形；青蒜切段；香菇切片。

2. 锅烧热加入香油，加入冰糖炒至紫黑色，加汤、盐、葱、姜、青蒜、料酒和猪舌、冬笋、香菇。

3. 中火收浓汁，挑除葱、姜，加味精即成。

【营养功效】猪舌有滋阴润燥的功效。

小贴士

痰湿偏盛、舌苔厚腻者应少食猪舌。

红烧猪蹄

主料: 猪蹄 500 克，番茄 150 克。

辅料: 食用油、生姜、酱油、盐、红糖、淀粉、花椒、大料、葱、料酒各适量。

制作方法

1. 猪蹄切块，以葱、花椒、姜、料酒腌渍；番茄切丁。

2. 锅内加食用油用大火烧热，放入猪蹄块炒片刻，加入清水和花椒、大料，盖上锅盖烧开后，用中火烧 10~20 分钟。

3. 放入酱油、盐、红糖、淀粉及番茄，烧 10 分钟即可。

【营养功效】猪蹄具有健脾益气、强骨和中、通乳增汁、托疮润肤之功效。

小贴士

猪蹄油脂较多，动脉硬化、高血压患者应少食。

制作方法

1. 将南瓜洗净削去外皮，用小刀在近蒂处开一个小盖子，挖出瓜瓤。

2. 五花肉切成大厚片，放在碗内，加入料酒、酱油、甜面酱、糖、鸡精、蒸肉米粉、葱、姜、蒜末拌匀。

3. 将拌匀的五花肉装入南瓜中，盖上盖子，上大火蒸2小时，取出即可。

【营养功效】南瓜中含有丰富的锌，参与人体内核酸、蛋白质的合成，是肾上腺皮质激素的固有成分，为人体生长发育所需的重要物质。

小贴士

南瓜肉甘，可少放糖或不放糖，嫩南瓜可以不用去皮，最好选用圆形南瓜。

南瓜蒸肉

主料: 五花肉300克,南瓜1000克,蒸肉米粉100克。

辅料: 料酒、酱油、甜面酱、糖、鸡精、蒜、葱、姜各适量。

制作方法

1. 将五花肉切片，放入锅中，加入盐、味精、料酒、蚝油、酱油、豆豉，拌匀后装入蒸钵中。

2. 净锅置大火上，放食用油烧热后下入干椒末、梅菜、盐、味精，一起拌炒入味，倒在五花肉上，略加鲜汤。

3. 上笼蒸15分钟，待肉熟后取出，淋红油、香油，撒葱花即可。

【营养功效】此菜可开胃下气，益血生津，补虚劳。

小贴士

梅菜适合清蒸，这样可蒸出香味，保留原汁原味。

梅菜蒸五花肉

主料: 五花肉250克, 梅菜100克。

辅料: 食用油、干椒末、葱、豆豉、盐、味精、鲜汤、料酒、蚝油、红油、酱油、香油各适量。

豆腐猪蹄瓜菇汤

主料: 猪蹄 500 克, 豆腐 500 克。

辅料: 香菇、丝瓜、姜、味精、盐各适量。

1. 香菇以水发泡后洗净, 丝瓜削皮洗净切片, 猪蹄洗净剁开, 豆腐切片。

2. 猪蹄放入锅中, 加水适量煮 10 分钟, 加入香菇、姜片, 改小火炖 20 分钟。

3. 下丝瓜, 加入豆腐块, 炖至熟烂离火, 调入盐、味精即成。

【营养功效】此汤养血通络, 适用于夏季肾炎、肾癌、肾病综合征及高脂血症等, 亦可用于妇女乳腺增生等。

小贴士

猪蹄对治疗产后气血不足所引起的缺乳、乳稀、四肢乏力、脉管炎、疮口不收等具有一定的辅助治疗作用。

清蒸酥肉

主料: 去皮五花肉250克,鸡蛋2个。

辅料: 食用油、淀粉、盐、花椒粉、料酒各适量。

1. 将去皮五花肉切片, 拌入调味料码匀入味, 再拌入鸡蛋、淀粉, 调匀上浆。

2. 锅内烧油至五成热, 逐一将裹上鸡蛋淀粉的肉片投入锅内油炸至浅黄色捞出, 码入碗内, 加入调味汁上笼, 蒸至熟软出笼。

3. 净锅入蒸酥肉原汁, 加盐调味, 勾薄芡上桌即可。

【营养功效】鸡蛋含有丰富的蛋白质, 主要为卵白蛋白和卵球蛋白, 其中含有人体必需的 8 种氨基酸。

小贴士

炸酥肉时油温不宜过高, 应注意控制油温。

制作方法

1. 将猪瘦肉洗净，切成薄片放入碗内，用料酒、酱油、姜汁、水淀粉拌匀腌好；黄瓜一剖两半，去瓤切成斜片。

2. 锅内放入清汤置火上，放入肉片。

3. 待汤沸后加入黄瓜片，放入料酒、盐，加入味精、胡椒粉，起锅盛入汤碗内即成。

【营养功效】此汤可除热解毒、滋阴利湿。

小贴士

黄瓜有降血糖的作用，对糖尿病人来说，是最好的食物。

瘦肉黄瓜汤

主料：猪瘦肉 150 克，黄瓜 100 克。

辅料：清汤、料酒、酱油、姜汁、盐、味精、胡椒粉、水淀粉各适量。

制作方法

1. 将肉切成方丁，放入酱油、料酒、淀粉、鸡蛋抓匀；花生米用中火炒至脆香；将葱、姜、蒜、酱油、料酒、醋、盐、味精、糖、淀粉放入碗中，调成汁。

2. 炒锅上火，放入食用油，将花椒、辣椒煸炒片刻后，加入肉丁一同煸炒。

3. 另起锅，加入辣椒面炒出红油，待肉熟后，将红油倒入，翻炒均匀，放入花生米，炒匀后即可装盘。

【营养功效】瘦肉中蛋氨酸含量较高。

小贴士

应将花生米泡后去皮再炒熟，这样菜的色彩较为丰富。

宫保肉丁

主料：猪瘦肉 150 克，花生米 150 克，鸡蛋 1 个。

辅料：食用油、酱油、料酒、醋、糖、辣椒、花椒、辣椒面、淀粉、味精、葱、姜、蒜各适量。

丝瓜猪蹄汤

主料: 猪蹄 200 克, 丝瓜 250 克, 豆腐 100 克。

辅料: 香菇、姜、盐、味精各适量。

制作方法

1. 香菇用温水泡软, 洗净; 丝瓜洗净切片。

2. 猪蹄洗净, 剁开, 入锅, 加清水适量, 煮约 30 分钟。

3. 加香菇、生姜丝、盐, 慢炖 20 分钟, 下丝瓜、豆腐, 炖至肉熟烂离火, 加味精即成。

【营养功效】猪蹄含有蛋白质, 可滋润皮肤、补充胶原蛋白。

小贴士

将新鲜丝瓜去皮后榨汁与等量蜂蜜混匀, 取少量涂在脸上 10~15 分钟, 再用温水洗净, 有洁肤去皱功效。

麻辣猪肝薯片汤

主料: 猪肝 200 克, 土豆 150 克。

辅料: 花椒、盐、味精各适量。

制作方法

1. 土豆切薄片, 猪肝切薄片。

2. 土豆片放炒锅焖炒, 加花椒、水煮开。

3. 加入猪肝, 加盐、味精调味即可。

【营养功效】土豆中的钾和钙对于心肌收缩有显著作用, 能防止高血压, 保持心肌的健康。

小贴士

土豆是减肥的好食品, 因为它体积大, 进食后充填胃腔, 需要较长时间来消化, 可延长胃排空的时间, 产生饱腹感。

豆豉辣酱蒸里脊

制作方法

1. 将猪里脊肉切成丁，姜切末，用料酒和酱油拌匀；豆豉放入碗内，用清水略浸泡。

2. 将锅置于中火上，放入食用油烧热，下猪里脊肉丁翻炒片刻，加豆豉、辣椒酱。

3. 翻炒均匀后盛入大碗内，放入蒸锅，蒸15分钟即可。

【营养功效】里脊肉有优质蛋白质和必需的脂肪酸，可提供血红素和促进铁吸收的半胱氨酸，能改善缺铁性贫血。

小贴士

　　猪肉若用热水浸泡会散失很多营养，同时口味也会欠佳。

主料： 猪里脊肉250克，豆豉100克。

辅料： 食用油、辣椒酱、料酒、姜、酱油各适量。

冬荷瘦肉汤

制作方法

1. 猪瘦肉洗净切片，荷叶洗净撕碎，冬瓜带皮切块。

2. 肉片、冬瓜块、荷叶入沙锅，加适量清水，大火煮沸，转小火炖2小时，撒盐即成。

【营养功效】此菜可清热祛湿，消脂消肿。

主料： 猪瘦肉200克，冬瓜500克。

辅料： 鲜荷叶、盐各适量。

小贴士

　　素体虚寒、胃弱易泻者应少食此菜。

枸杞子蒸猪肝

主料：猪肝200克，胡萝卜150克。

辅料：食用油、枸杞子、盐、味精、水淀粉、料酒、酱油、葱姜末各适量。

制作方法

1. 枸杞子洗净；猪肝洗净，切片。

2. 将猪肝片放入碗内，放入料酒、食用油、酱油、盐、味精、水淀粉、葱姜末抓匀，腌约1小时。

3. 将猪肝捞起，放入蒸碗内，加入枸杞子，隔水用大火蒸20分钟即成。

【营养功效】猪肝中铁质丰富，含有丰富的维生素A，经常食用还能补充维生素B$_2$。

小贴士

猪肝要现切现做，新鲜的猪肝切后放置时间过长，会流出汁水，不仅损失养分，而且炒熟后有许多颗粒凝结在猪肝上，影响外观和质量。

水煮肉片

主料：瘦肉200克，鸡蛋1个。

辅料：食用油、花椒、干辣椒、豆瓣酱、盐、味精、小棠菜、葱、姜、蒜、淀粉各适量。

制作方法

1. 将瘦肉洗净后切成薄片。

2. 锅中放食用油烧热，放入姜片、蒜片爆香，加盐、味精，把小棠菜炒至断生盛入碗中。鸡蛋留蛋清，加淀粉打匀，将肉片放入蛋液中拌匀。

3. 锅中留食用油，爆香干辣椒、花椒、豆瓣酱，加入水淀粉勾芡，放入肉片煮透，盛出倒在小棠菜上，撒上葱花即可。

【营养功效】瘦肉中蛋氨酸含量较高。蛋氨酸是合成人体一些激素和维护表皮健康必需摄取的一种氨基酸。

小贴士

肉片一定要用鸡蛋清和淀粉拌匀后才能下锅，不宜煮太长。

制作方法 ○·

1. 肉洗净切块；香菇泡软去蒂，对半切开；葱洗净，切段；姜洗净，切片。

2. 汤锅内放入五花肉块、香菇、葱段、姜片及大料，加入酱油、料酒、糖及适量水，用小火焖煮1小时即可。

【营养功效】香菇高蛋白、低脂肪，含有多糖和多种维生素。

小贴士

　　烧五花肉之前可先把肉炸一会，让肉出点油，吃起来才不会太过油腻。

香菇烧肉

主料: 五花肉500克，香菇20克。

辅料: 大料、酱油、料酒、糖、葱、姜各适量。

制作方法 ○·

1. 将板栗在底端切一刀，放沸水中稍煮后捞出，去壳；葱洗净切段；姜洗净切片。

2. 将猪肉洗净切块，放入锅内，加酱油、料酒、葱段、姜片，大火烧煮片刻，使肉上色。

3. 加水，烧开后转小火烧至肉块微酥，加入板栗。待肉、板栗都烧酥时加入盐、糖，略煮即可。

【营养功效】此菜可补脾健胃，补肾强筋，活血止血。

小贴士

　　板栗去壳后也可以先用油炸一下再烧。

板栗烧肉

主料: 猪五花肉、板栗各250克。

辅料: 酱油、料酒、盐、糖、葱、姜各适量。

煎猪肝

主料: 猪肝 450 克, 土豆 100 克, 洋葱 150 克, 小麦面粉 75 克。
辅料: 食用油、盐、辣酱油、蒜、胡椒粉各适量。

制作方法

1. 提前把土豆洗净煮熟, 剥皮, 捣成土豆泥; 洋葱洗净切成末, 大蒜去皮洗净, 切成末。

2. 将猪肝切片, 撒盐、胡椒粉, 蘸面粉, 用热油煎黄, 取出。

3. 用煎猪肝的油炒洋葱末、蒜末, 炒黄后用辣酱油调味, 将猪肝放在一起加热, 起菜配土豆泥即可。

【营养功效】此菜可补肝明目, 养血。

小贴士

　　猪肝买回后要先用水冲洗, 然后置于盆内浸泡 1~2 小时以消除残血。

滑熘里脊

主料: 猪里脊肉 250 克, 青椒 100 克, 鸡蛋清 40 克。
辅料: 食用油、料酒、糖、盐、味精、葱、蒜、姜、红椒、淀粉、香油各适量。

制作方法

1. 猪里脊肉去掉板筋, 切成丝, 加入盐、味精、蛋清、淀粉, 上"蛋清浆"; 青椒、红椒去籽切丝。

2. 肉丝下到四成热油锅中, 滑散炒透, 倒入漏勺; 小碗中加入盐、味精、糖、水淀粉, 调制成芡汁备用。

3. 炒锅上火烧热, 加底油, 用葱、姜末、蒜片炝锅, 烹料酒, 放椒丝煸炒, 再放肉丝, 泼入调好的芡汁, 翻拌均匀, 淋香油即可。

【营养功效】此菜可养虚补身, 滋阴壮阳。

小贴士

　　有人认为吃生鸡蛋营养好, 这种看法是不科学的。

制作方法 ○•

1. 猪肉切成丝；金针菇洗净，改刀切段；红椒切丝。

2. 炒锅上火烧热，加适量底油，投入肉丝煸炒至变色，下葱丝、姜丝爆香，烹料酒、白醋，加酱油，下入金针菇、红椒丝。

3. 翻炒片刻，添少许汤，加盐、味精调味，用水淀粉勾薄芡，淋香油即可。

【营养功效】食用金针菇具有抵抗疲劳、抗菌消炎、清除重金属盐类物质、抗肿瘤的作用。对预防和治疗肝病及胃、肠道溃疡也有一定作用。

小贴士

　　金针菇一定要煮熟才能食用，否则会中毒。

肉丝烧金针菇

主料：猪外脊肉 200 克，金针菇 300 克。

辅料：食用油、汤、香油、料酒、白醋、酱油、盐、味精、葱、姜、红椒、淀粉各适量。

制作方法 ○•

1. 将瘦肉洗净，与姜放入煲内，加水适量，煲 4 小时。

2. 取肉汤（汤里带少量肉）一碗，与洗净的山药一起放入炖盅内，加沸水适量。

3. 加盖，隔水炖 1 小时，将牛奶、葱、盐加入炖盅内，炖片刻即成。

【营养功效】牛奶是人体钙的最佳来源，而且牛奶钙磷比例非常适当，利于钙的吸收。

小贴士

　　牛奶不宜长时间高温蒸煮。牛奶中的蛋白质受高温作用，会由溶胶状态转变成凝胶状态，导致沉淀物出现，营养价值降低。

山药牛奶瘦肉盅

主料：猪瘦肉 300 克，山药 100 克，牛奶 200 毫升。

辅料：姜、葱、盐各适量。

木瓜煮肉丸

主料： 肉馅、鲜山药各 150 克，木瓜 200 克。

辅料： 食用油、青菜、姜、盐、味精、胡椒粉各适量。

制作方法

1. 木瓜去皮去籽，切成厚片；鲜山药去皮切成片。

2. 将肉馅拌入味料，挤成肉丸，放入锅中煮熟。

3. 锅内加入盐、味精，将鲜山药片、木瓜、青菜放入同肉丸一起煮至熟时，撒入胡椒粉即可。

【营养功效】木瓜中的番木瓜碱对肿瘤起有很好的疗效。

小贴士

木瓜中的番木瓜碱对人体有微量的毒性，每次食量不宜过多。过敏体质者应慎食。

猪排炖黄豆芽

主料： 猪肉子排 500 克，黄豆芽 200 克。

辅料： 葱、姜、料酒、盐、味精各适量。

制作方法

1. 将子排洗净切段，放入沸水中余水，用清水洗净，放入锅中；黄豆芽整理干净。

2. 放适量清水，加入料酒、葱、姜，大火煮沸，改小火炖 60 分钟。

3. 放黄豆芽，大火煮沸，改小火煮 15 分钟，加盐、味精，拣出葱、姜即可。

【营养功效】此菜可清热明目，补气养血。

小贴士

烹调黄豆芽时不可加碱，可加醋，以使 B 族维生素不易流失。

制作方法

1. 将猪肉切片，用面酱和少许食用油拌好；葱白切斜粗条。

2. 炒锅内加底油用大火烧热，将肉片下锅炒散，待至六成熟时，下葱条、姜丝急炒几下，依次加入醋、酱油、花椒面、盐、味精、香油，颠炒翻拌，待葱明脆即可。

【营养功效】经常食用香油可以防治动脉硬化，抗衰老。

小贴士

做这道菜中的猪肉最好使用通脊或者后臀尖，里脊太过细嫩，缺少肉的味道。

葱爆肉

主料：猪肉 200 克。

辅料：食用油、香油、葱、面酱、味精、醋、酱油、花椒面、盐、姜各适量。

制作方法

1. 将番茄洗净，去除茄蒂，挖出籽和心。

2. 将猪肉剁成肉末，加适量淀粉、姜汁、葱花和水搅匀，装入番茄中，放在笼中蒸约10分钟。

3. 将绿叶蔬菜洗净切成节，锅内放食用油烧热后炒菜，加入挖出的番茄汁，勾好芡，倒入盘底铺平，将蒸好的番茄放在青菜上即可。

【营养功效】番茄含有丰富的胡萝卜素、维生素 C 和 B 族维生素。

小贴士

番茄生吃能补充维生素 C，煮熟再吃能补充抗氧化剂。

番茄酿肉

主料：番茄 100 克，猪肉 50 克。

辅料：食用油、绿叶蔬菜、葱、淀粉、盐、姜汁各适量。

香芋烧五花肉

主料: 五花肉250克, 香芋150克。

辅料: 食用油、清汤、红椒、姜、葱、淀粉、盐、味精、糖、老抽各适量。

制作方法

1. 香芋去皮切块, 生姜切片, 红椒切条, 葱切段, 五花肉切成3厘米见方的块。

2. 烧锅下油, 油温150℃下香芋和五花肉, 炸至金黄至熟倒出。

3. 锅内留油, 放入生姜片、红椒条、香芋块、五花肉, 加入清汤、盐、味精、糖、老抽、葱段同烧, 用水淀粉勾芡即成。

【营养功效】长期食用此菜能增强疾病抵抗力、滋补身体。

小贴士

香芋的食法很多, 可水煮、粉蒸、油炸、烧烤、炒食、磨碎后炖食等。

番茄酱苦瓜烧排骨

主料: 猪肋骨500克, 苦瓜200克, 鸡蛋1个。

辅料: 食用油、鲜汤、姜、葱、蒜、糖、盐、酱油、香油、豆腐乳、香辣酱、番茄酱、花椒、味精、料酒各适量。

制作方法

1. 将排骨用生姜片、酱油、盐、花椒、味精、料酒、鸡蛋清拌匀腌约15分钟。

2. 净锅上火, 加食用油烧至五成热, 下腌好的排骨炸至金黄捞出。

3. 锅中留底油, 放入蒜、豆腐乳、香辣酱、番茄酱、花椒、味精、料酒、鲜汤, 滚开后, 加入排骨, 小火烧至七八成熟, 放苦瓜, 调入糖、盐, 烧至汤汁收干, 淋上香油即可。

【营养功效】苦瓜的维生素C含量很高, 苦瓜中的苦瓜素被誉为"脂肪杀手"。

小贴士

苦瓜中的苦瓜苷和苦味素能增进食欲、健脾开胃。

千层猪耳

制作方法 ○•

1. 把猪耳洗净、叠起、卷筒形、用绳子扎实，放入沸水中煮10分钟，取起洗净。

2. 把调味料放入煲内煲沸，放入猪耳煲沸后，小火慢炖1个小时，取起。冷后放入冷柜冰冻3小时，除去绳。

3. 将猪耳切薄片上碟，淋上汁及香油，食用时蘸蒜蓉、米醋即可。

【营养功效】食用猪耳能促进身体发育、滋润肌肤。

小贴士

南姜，又称为高良姜或芦苇姜，潮汕地区常用以去除鱼腥。

主料： 猪耳朵200克，卤水料200毫升。

辅料： 老抽、高良姜、盐、糖、蒜、米醋、香油各适量。

荔枝肉

制作方法 ○•

1. 将猪肉切片，剖十字花刀，切为3片；马蹄切块；葱取葱白，切花。

2. 马蹄块与肉片一起用水淀粉和剁细的红糖抓匀，酱油、白醋、糖、味精、上汤、水淀粉调卤汁待用。

3. 锅中倒食用油烧热，加入肉片和马蹄扒散，待肉剖花成荔枝状时，捞起。

4. 锅留余油，下蒜末、葱白煸一下，入卤汁煮沸，倒入荔枝肉和马蹄块翻炒几下即成。

【营养功效】在流行病常发季节，食用马蹄能预防急性传染病。

小贴士

荔枝肉是福州传统名菜，始自清初，已有两三百年历史。

主料： 猪瘦肉300克，马蹄100克。

辅料： 食用油、上汤、葱、红糖、白醋、酱油、淀粉、糖、蒜、味精各适量。

蒜泥白肉

主料: 猪坐臀肉 500 克。

辅料: 蒜、酱油、红油、盐、红糖、香料、味精各适量。

制作方法

1. 将猪肉入汤锅煮熟,再用原汤浸泡至温热,捞出,片薄片装盘。

2. 大蒜捶蓉,加盐、冷汤调成稀糊状,成蒜泥。酱油加红糖、香料在小火上熬制成浓稠状,加味精制成复制酱油。

3. 将蒜泥、复制酱油、红油兑成味汁淋在肉片上即成。

【营养功效】此菜可预防感冒,减轻发烧、咳嗽、喉痛及鼻塞等感冒症状。

小贴士

此菜为成都"竹林小餐"名菜之一,曾风靡一时,为人们称道。

腐皮肉卷

主料: 豆腐皮 100 克,瘦肉 300 克。

辅料: 食用油、酱油、葱、姜、面粉、香油、料酒、糖、味精、盐各适量。

制作方法

1. 猪肉剁末,加清水,入盐、味精、料酒和姜末,搅拌成肉馅。面粉加水调成稀面糊。

2. 将豆腐皮切去毛边,放入肉馅成卷形,将豆腐皮由里向外卷起,边缘用稀面糊封口。

3. 锅内放食用油烧至七成热,将肉卷放入炸至熟透。锅内留油,放入葱段、姜末、酱油、糖,用小火烧至汤汁收浓,加入香油起锅,淋在腐皮肉卷上即可。

【营养功效】豆腐皮含有丰富的蛋白质、碳水化合物、脂肪、纤维素和多种矿物质。

小贴士

炸肉卷时油温不要过高,淋汁时速度要快。

黑椒猪蹄

制作方法

1. 用蚝油、黑胡椒碎和料酒调成黑椒汁，猪蹄切块。

2. 锅内倒食用油加热，将切块的猪蹄放入锅中翻炒至变色，倒入黑椒汁，加料酒、温水，中火烧开，转小火慢炖。

3. 炖好的猪蹄捞出，汤汁倒出备用。将黄油放入锅中，放入洋葱小丁炒香，加黑胡椒碎。

4. 将煮猪蹄的汤汁重新倒回锅内，将淡奶油倒入调汁，浇在猪蹄上。

【营养功效】常食用猪蹄，对消化道出血、失血性休克有一定疗效。

小贴士

如果不是很习惯黑胡椒味，可将用量减少一些。

主料： 猪蹄 500 克。

辅料： 食用油、淡奶油、料酒、黑胡椒碎、洋葱、蚝油、料油、黄油各适量。

可乐排骨

制作方法

1. 锅中放水，水烧开后，倒入排骨氽一下取出。

2. 锅中放食用油，加入姜片略炒，放入排骨翻炒后，倒入可乐，滚开后加入大料，煮至汤汁收干即可。

【营养功效】排骨除含蛋白、脂肪、维生素外，还含有大量磷酸钙、骨胶原、骨黏蛋白等，可为幼儿和老人提供钙质。

小贴士

可乐与肉类搭配做菜，能去掉多余的脂肪，使肉质更爽口、有弹性。

主料： 排骨 250 克，可乐 200 毫升。

辅料： 食用油、大料、姜各适量。

板栗烧排骨

主料: 排骨、板栗各300克。

辅料: 食用油、盐、蒜、葱、姜、生抽、老抽、糖、料酒各适量。

制作方法

1. 排骨洗干净沥水,用生抽、料酒、盐腌30分钟。

2. 板栗先去壳,然后用水煮开3分钟,用冷水泡一下去皮,洗干净备用。

3. 锅里加少许食用油后加入葱、蒜炒排骨,然后加入少许糖、姜片、料酒炒几下,加入清水,滴几滴老抽调色,焖20分钟,加入板栗继续焖,板栗熟后收汁即可。

【营养功效】板栗是健胃补肾、延年益寿的上等果品。

小贴士

新鲜板栗容易发霉变质,吃了发霉的板栗会引起中毒。

枸杞子滑熘肉片

主料: 肉片300克,黄瓜200克,冬笋200克。

辅料: 食用油、木耳、枸杞子、葱、姜、蛋清、盐、高汤、糖、料酒、香油、水淀粉各适量。

制作方法

1. 将枸杞子泡发,黄瓜、冬笋切片,肉片中加入盐、料酒、水淀粉、蛋清拌匀。

2. 锅倒入适量食用油,油热后加入肉片滑散至熟捞出。锅中留底油,放入葱、姜煸香,加入枸杞子、肉片、黄瓜、冬笋、木耳大火翻炒。

3. 加盐、料酒、高汤调味,加糖,待菜烧入味,用水淀粉勾芡,淋香油即可。

【营养功效】枸杞子能调节血脂,促进人体的造血功能。

小贴士

枸杞子泡茶喝能预防肾结石。

花生猪蹄

制作方法

1. 猪蹄斩成块状，在沸水中煮约10分钟后捞出沥干水分；花生加盐用水发泡3小时，香葱挽结；蒜、姜切片；锅中加水，放入冰糖小火加热，熬至冰糖起泡呈金黄色。

2. 将猪蹄块倒入锅中搅拌均匀，使猪蹄裹上糖色后倒入花生、葱结、蒜片、姜片、酱油、蚝油和番茄酱。

3. 加水加盖煮沸后，小火炖约2小时，当猪蹄和花生都酥烂时，改大火收汁，铲匀即可。

【营养功效】花生含有的人体必需氨基酸，能促进脑细胞发育、增强记忆。

小贴士

霉变的花生不能吃。

主料：猪蹄200克，花生250克。

辅料：盐、葱、蒜、姜、冰糖、酱油、蚝油、番茄酱各适量。

南乳梨汁香焗骨

制作方法

1. 嫩肋排切成长条，洗净擦干放入容器中；鸭梨去皮去核后，放入粉碎机，加入几粒蒜瓣，打成糊状，倒入放嫩肋排的容器中。

2. 加入适量搅碎的南乳糊、苏梅酱、料酒拌匀，冷藏室腌制4小时左右。

3. 嫩肋排放在烤盘上，烤制约20分钟，转最高火，将嫩肋排快烤4分钟，其间翻一次面。

【营养功效】梨富含糖、蛋白质、脂肪、粗纤维、钙、磷、铁及多种维生素，能起到降血压、润肺清心的功效。

小贴士

若没有梨，可以用适量橙汁代替。

主料：嫩肋排500克，鸭梨300克，南乳200克。

辅料：苏梅酱、料酒、蒜各适量。

苦瓜腱肉

主料：猪腱肉300克，苦瓜400克。

辅料：盐、味精、葱、淀粉、胡椒粉、香油各适量。

1. 将苦瓜洗净去头尾，切成3段再去籽；葱切粒，再将猪肉和葱花一起剁成馅。

2. 将盐、味精、香油、淀粉、胡椒粉加入馅中拌匀，再把调好的肉馅镶入苦瓜内。

3. 水煮沸，将苦瓜放入锅中，加入盐、味精，用小火煮约25分钟即可。

【营养功效】苦瓜能提高机体的免疫功能，具有良好的降血糖作用。

小贴士

苦瓜性凉，脾胃虚寒者不宜食用。

腐乳排骨

主料：猪小排400克，花生米100克。

辅料：淀粉、盐、香油、腐乳汁、沙茶酱、生抽、红辣椒、香菜各适量。

制作方法

1. 用腐乳汁、生抽、沙茶酱、淀粉、香油、盐搅拌均匀调成汁，将排骨腌渍2小时。红辣椒切小段。花生米放入煮锅中煮至熟软。

2. 在盘子的底部铺满花生米，将腌好的猪小排平铺在花生上，撒上小红辣椒段，放入蒸锅内，隔水蒸。

3. 大火蒸至水开后，继续蒸20分钟，待排骨熟透后，用香菜叶铺面即可。

【营养功效】花生含丰富的脂肪、蛋白质、维生素B$_1$、维生素B$_2$和烟酸等多种营养元素。

小贴士

花生米要先煮熟，但不要煮太软。

白菜丸子汤

制作方法

1. 小白菜洗净切开，在热油锅中略炒盛出；猪肉剁成馅。

2. 将肉馅加葱末、姜蓉、鸡蛋清、盐、味精搅匀，用手挤成小丸子，下入开水锅中氽熟取出。

3. 汤锅置火上，下入高汤和盐、味精、料酒，开锅后下入丸子和小白菜、细粉丝，汤开起锅，撒入胡椒粉，盛入汤碗中即可。

【营养功效】小白菜有清热解毒、消肿止痛、调和肠胃、通利二便等功效。

小贴士

　　烹制时，丸子要做得大小均匀。肉馅顺一个方向搅动，使之上劲。

主料: 小白菜500克，猪肉100克，细粉丝50克，鸡蛋清50克。

辅料: 料酒、葱、高汤、胡椒粉、味精、盐各适量。

平菇白菜肉片汤

制作方法

1. 将鲜平菇去根洗净，切成薄片；白菜心洗净切成段；猪瘦肉洗净切成片。

2. 炒锅上大火，倒入鲜汤，放入平菇片、猪肉片煮沸，下白菜心。

3. 加盐、料酒、味精，撇去浮沫，淋上香油，起锅盛入汤碗即可。

【营养功效】平菇蛋白质含量高，经常食用可减少人体胆固醇含量，预防高血压。

小贴士

　　平菇可以炒、烩、烧，口感好、营养高、不抢味，但鲜品出水较多，易被炒老，须掌握好火候。

主料: 鲜平菇150克，猪瘦肉100克，白菜心50克。

辅料: 鲜汤、香油、盐、料酒、味精各适量。

柠汁茶香排骨

主料: 排骨 500 克。

辅料: 食用油、红茶、姜、柠檬、盐、生抽、老抽、料酒、糖、淀粉各适量。

制作方法

1. 排骨切段,加盐、生抽、老抽、料酒、糖、淀粉腌半小时;柠檬外皮切丝,柠檬挤出汁;红茶用沸水泡开;姜去皮切丝。

2. 锅内放入食用油,放入腌好的排骨翻炒,七成熟时盛起。

3. 锅内留油,放姜丝和柠檬丝爆香,倒入排骨,加红茶水,煮沸后调味,转中火焖入味,大火收汁,加柠檬汁,拌匀后装盘。

【营养功效】柠檬富含维生素C、柠檬酸、苹果酸,高钾低钠,对人体十分有益。

小贴士

红茶可以去油脂,能减少汤汁的油腻感,同时增加独特口感。

肚丝汤

主料: 猪肚 500 克,豆苗 50 克。

辅料: 香菜、香油、酱油、盐、胡椒粉、葱、姜各适量。

制作方法

1. 将猪肚煮熟并切成细丝,放开水内汆一下捞出。

2. 将香菜、葱、姜洗净,均切成末。

3. 汤中加盐、酱油、胡椒粉、葱末、姜末与肚丝,烧开后,撒入豆苗,淋入香油即可。

【营养功效】此菜可通肠导便,防治痔疮。

小贴士

肚丝汤是山东秦安的一道独特小吃。

制作方法

1. 用温水将粉丝泡软洗净，瘦肉洗净剁成肉末，葱洗净切碎。

2. 锅内放食用油，烧热后加入肉末，放入少许豆瓣酱炒干肉末，再加入粉丝炒匀。

3. 调入料酒、酱油、白糖、盐、味精和葱花炒匀后即可。

【营养功效】粉丝有良好的附味性，它能吸收各种鲜美汤料的味道。

小贴士

此菜要速炒，时间长了粉丝容易粘连，影响菜肴口感。

蚂蚁上树

主料: 瘦肉 100 克，粉丝 350 克。

辅料: 食用油、葱、酱油、料酒、豆瓣酱、白糖、盐、味精各适量。

制作方法

1. 猪血切成厚片；锅烧热，将花椒、干辣椒入锅炒香后剁成细末。

2. 锅内放食用油烧热，加豆瓣酱、姜末、葱末、蒜末爆香，放入油菜炒至断生，起锅装入汤碗。

3. 锅中留底油，加豆瓣酱炒香，加入清汤，放入猪血煮透，放入盐、味精，盛入装有油菜的碗中，撒上辣椒末、花椒末，烧热油淋于其上即可。

【营养功效】此菜可解毒清肠，补血美容。

小贴士

烧热油淋菜时，油温一定要高。

水煮血旺

主料: 熟猪血 300 克，油菜 50 克。

辅料: 食用油、清汤、葱、姜、蒜、干辣椒、豆瓣酱、盐、味精、花椒各适量。

清烹里脊

主料: 猪里脊肉200克。

辅料: 食用油、汤、酱油、料酒、醋、盐、味精、葱、姜、蒜、面粉各适量。

制作方法

1. 猪里脊肉切成条,加入盐、酱油、味精、料酒腌渍入味,蘸一层面粉,下入六成热油中,炸至表皮稍硬时捞出,待油温升高时,复炸至呈金黄色时,倒入漏勺。

2. 用小碗放入盐、醋、味精、汤兑成清汁备用。

3. 炒锅上火烧热,加底油,用葱、姜、蒜炝锅,烹料酒,放入炸好的里脊条,泼入清汁,翻拌均匀即可。

【营养功效】猪脊肉含有人体生长发育所需的丰富优质蛋白、脂肪、维生素等。

小贴士

里脊是大排骨相连的瘦肉,外侧有筋覆盖,通常吃的大排去骨后就是里脊肉,适合炒菜用。

水晶猪皮冻

主料: 猪皮200克。

辅料: 盐、糖、蒜、醋、香菜、大料各适量。

制作方法

1. 猪皮放入开水中煮5分钟,捞出用冷水冲凉,刮净猪毛和肥肉,将猪皮切成条或丁。

2. 切好的猪皮放锅里,加大料、盐、糖,加水超过猪皮的两倍,大火烧开后,改中小火煮1小时以上。用筷子蘸肉皮汁,感觉肉皮汁很浓、很黏稠即可关火。然后将其倒入盆中,稍凉后放入冰箱内成冻。

3. 吃的时候切成条或小块,放入蒜、醋汁,放点香菜。

【营养功效】猪皮冻富含胶质。

小贴士

选择猪背部的皮最好。

红烧羊排

制作方法

1. 将羊排骨洗净剁段，萝卜洗净切块，香菜洗净切段。

2. 锅内添水烧开，放入羊排骨和萝卜同煮，熟后捞出备用。

3. 炒锅注油烧热，入葱姜爆锅，放入料酒、辣椒酱、红枣、老抽、胡椒粉及适量清水，烧开后放入羊排骨，用小火烧至熟烂，加入盐、味精，用水淀粉勾芡，撒上香菜段，翻匀出锅即可。

【营养功效】羊排含蛋白质、脂肪、钙、磷、铁、维生素 B$_1$、维生素 B$_2$、烟酸等。

小贴士

　　放入羊排时加入少许醋，可以有效去除膻味。

主料：羊排骨 750 克，萝卜 100 克。

辅料：食用油、红枣、葱、姜、香菜、老抽、胡椒粉、辣椒酱、盐、料酒、味精、水淀粉各适量。

板栗焖羊肉

制作方法

1. 羊肉剁块，氽水过冷后，沥干水分；胡萝卜、白萝卜各一半置锅中，加入清水煮沸，把羊肉加入同煮 15 分钟，取出羊肉过冷，沥水，萝卜弃去。

2. 坐锅点火，爆香姜蓉，加入羊肉炒透，烹料酒，把桂皮、大料和红辣椒放入，煮沸后以小火焖约 1 小时。

3. 羊肉炖烂后加入另一半萝卜及板栗，再焖至板栗软时，将酱油、蚝油、鸡精、糖加水淀粉勾芡即可

【营养功效】此菜含有丰富的维生素 C、维生素 B$_2$、不饱和脂肪酸和矿物质等。

小贴士

　　掌握火候：大火煮沸，小火焖至酥烂。

主料：羊肉 650 克，板栗 300 克，胡萝卜、白萝卜各 100 克。

辅料：桂皮、味精、大料、红辣椒、水淀粉、姜、酱油、蚝油、鸡精、料酒、糖各适量。

扛糟羊肉

主料: 羊肉 500 克。

辅料: 食用油、红糟、葱、姜、料酒、清汤、盐、淀粉各适量。

1. 将羊肉切成块，在开水锅内放入葱、姜，将羊肉放入氽去膻味，取出洗净。

2. 烧热油锅，将羊肉放入锅内氽一下，倒入漏勺，滤去油。

3. 另开热油锅，将红糟、料酒放入锅内略炒，再放入羊肉略炒，加清汤、盐烧酥，下水淀粉勾薄芡，起锅装盘即好。

【营养功效】此菜可开胃健身，益肾气。

小贴士

烧酥羊肉时，宜采用中小火。

孜然羊肉

主料: 羊里脊肉 500 克，鸡蛋清 40 克，笋 25 克。

辅料: 食用油、孜然粉、辣椒粉、葱、姜、盐、料酒、淀粉、酱油各适量。

1. 把羊里脊肉剔净筋膜，切成薄片备用；笋洗净后切成段。

2. 将切好的羊肉片放盘内，加上鸡蛋清，料酒和淀粉拌匀上浆。

3. 将净锅置火上，放入食用油烧到六成热，用葱、姜丝炝锅，加入羊肉片，边炒边放入笋、酱油、盐和料酒，待炒匀后撒上孜然粉和辣椒粉即可。

【营养功效】此菜可暖中补虚，补中益气。

小贴士

孜然粉和孜然粒虽然都是同一种调料，但是两者的口感却不一样。

制作方法

1. 当归、天麻、桂圆肉洗净，浸泡。

2. 羊脑轻轻入清水漂洗，去除黏液、黏膜，用牙签挑去血丝筋膜，洗净，放漏勺装着，入沸水中稍烫即捞起。

3. 以上原料和姜片置炖盅，注沸水适量，加盖，隔水炖 3 小时，加盐调味。

【营养功效】当归含有铁、锌、蛋白质，有补脑益智、活血祛风作用。

小贴士

饮用此汤后不宜马上喝茶。

当归天麻羊脑汤

主料: 羊脑 200 克。

辅料: 天麻、当归、桂圆肉、生姜、盐各适量。

制作方法

1. 羊肉斩件,放入沸水煮 5 分钟,捞起洗干净,沥干。

2. 将所有材料一起放入已煲沸的水中。

3. 用中火煲 3 小时左右,以盐调味即可。

【营养功效】此菜可益肾气，养胆明目。

小贴士

羊肉的膻味很重，在烹调时可用米醋清除。

芪参陈皮羊肉汤

主料: 羊肉 500 克。

辅料: 黄芪、党参、当归、陈皮、红枣、盐各适量。

萝卜炖羊肉

主料：羊肉 400 克，白萝卜 50 克。
辅料：食用油、高汤、青蒜、姜、大料、桂皮、红油、酱油、料酒、胡椒粉、豆瓣酱、盐、味精各适量。

制作方法

1. 羊肉洗净切块；白萝卜洗净去皮切块；生姜洗净拍松；青蒜洗净切段。

2. 往锅里放食用油，烧热，放入姜、大料、桂皮、豆瓣酱、羊肉爆炒出香味，注入料酒、高汤，用中火烧。

3. 加入白萝卜、盐、味精、胡椒粉、酱油烧透至入味，放入青蒜、红油稍烧片刻即可。

【营养功效】此菜具有开胃健身、补肾、补气虚之功效。

小贴士

白萝卜入锅前，可先用沸水汆一下，以去掉萝卜的辛辣味。

烧新西兰羊排

主料：新西兰羊排 750 克。
辅料：盐、孜然粉各适量。

制作方法

1. 将羊排斩件。

2. 将斩好的羊排用盐、孜然粉腌渍好。

3. 将羊排放到烤炉上，用大火烤 4 ~ 6 分钟即可。

【营养功效】羊肉补益效果极佳，最适宜于冬季食用。

小贴士

肉质细嫩的新西兰羊肉，最适合烤制。

玉竹核桃羊肉汤

制作方法

1. 玉竹、核桃仁、生姜分别洗净；红枣去核，洗净；羊肉洗净，沥水，切中块。

2. 锅放清水，入羊肉，煮沸，约2分钟，捞起。

3. 全部材料一同入沙煲，加清水适量，煮沸，改用小火煲2小时，最后加盐调味即可。

【营养功效】核桃的蛋白质含量极高，有健脑益智功效。

小贴士

羊肉性温助火，煲汤时放点不去皮的生姜，可起到散火除热作用。

主料: 羊肉600克，玉竹50克，核桃仁20克。

辅料: 红枣、生姜、盐各适量。

粉蒸羊肉

制作方法

1. 将羊肉切成薄片，放入葱丝、料酒、姜末、盐、味精拌匀，腌渍10分钟。

2. 把小茴香、大料入锅炒香，倒出压碎。把豆瓣辣酱炒出香味，加少量水，放入米粉，拌匀装盆，上屉用大火蒸5分钟，取出。

3. 将腌好的羊肉片加胡椒粉、辣椒油和蒸好的米粉拌匀，上屉蒸20分钟，取出放上香菜，淋上香油即可。

【营养功效】羊肉含有蛋白质、脂肪、钙、磷、铁等多种成分。

小贴士

绵羊肉较细嫩，膻味较淡。

主料: 羊肉500克，籼米粉150克。

辅料: 葱、姜、料酒、豆瓣辣酱、小茴香、大料、香菜、香油、味精、辣椒油、胡椒粉、盐各适量。

清炖羊排

主料: 羊排骨750克,白萝卜1200克。

辅料: 青蒜、姜、花椒、盐、糖、味精、酱油、料酒各适量。

制作方法

1. 将羊排骨切成小块;净锅放清水煮沸,放入羊排骨汆出血水,捞出洗净;青蒜切成段。

2. 锅内放入清水,置大火上,放入羊排骨煮沸,去掉浮沫,加白萝卜、酱油、盐、姜、花椒和料酒,用小火炖25分钟。

3. 将羊排骨捞出,放在盘里。用纱布将炖羊排骨汤中的沉淀物滤去,加上糖和味精再煮沸,出锅倒在盛羊排的盘里,撒上青蒜即可。

【营养功效】 羊排骨具有滋阴壮阳、益精补血的功效。

小贴士

羊排骨汆水后捞出,宜用温水洗净,若用冷水洗可使肉遇冷收缩,影响口感。

山药生地羊肉汤

主料: 羊肉750克。

辅料: 食用油、当归、山药、生地、姜、料酒、盐各适量。

制作方法

1. 当归、山药、生地洗净,山药切块;羊肉切小块,先用开水烫过,捞出洗净血水。

2. 姜片用食用油爆香,与羊肉加适量料酒略为爆炒。

3. 上述材料一同放入沙煲,加姜和适量水,小火炖1小时,至羊肉酥软,除去药渣,加盐调味即可。

【营养功效】 此菜可滋阴补血,温肾补虚。

小贴士

羊肉若能与少量甘草和适量料酒、生姜一起烹调,既能够去其膻气又可保持羊肉风味。

榨菜羊肉末

制作方法

1. 羊肉洗净剁成碎末；榨菜剁成碎末，用温水泡出咸味，然后捞出沥水；红辣椒洗净切末；葱、姜、蒜洗净切末。

2. 将炒锅放在大火上，放入食用油，待油烧热时，放入羊肉末煸炒，待羊肉末煸散后，放葱、姜、料酒、酱油、蒜、辣椒、榨菜末、味精，加入香油，炒匀至熟即可。

【营养功效】此菜可健脾开胃，补气添精。

小贴士

煸炒羊肉时，油温一定要足够热，否则羊肉容易粘锅。

主料: 羊瘦肉 100 克，榨菜 100 克。

辅料: 食用油、红辣椒、葱、姜、蒜、香油、酱油、料酒、味精各适量。

枸杞子炖羊脑

制作方法

1. 桂圆肉、枸杞子洗净；羊脑浸在清水中，撕去薄膜，挑去红筋，洗净；羊肉洗净切厚片。

2. 把适量水煮沸，放入姜片、羊肉、羊脑煮 5 分钟，捞起洗净，沥水。

3. 将羊肉、羊脑、枸杞子、桂圆肉、姜片放入炖盅内，注入适量沸水，加入适量料酒，盖上炖盅盖炖 1 小时，放盐调味。

【营养功效】羊脑有益智补脑、益阴补髓、润肺泽肌的作用。

小贴士

炖时应小火细炖。

主料: 羊脑 300 克，羊肉 150 克。

辅料: 枸杞子、桂圆肉、料酒、姜、盐各适量。

羊肉片焖荷兰豆

主料: 羊瘦肉100克, 荷兰豆100克。

辅料: 食用油、酱油、汤、料酒、葱、姜、葱、淀粉、香油各适量。

制作方法

1. 将羊肉切成片; 荷兰豆择洗干净, 切成寸段; 葱顺长切成条, 姜去皮切成极细的细末; 蒜去皮用刀拍了切成碎末; 淀粉用水浸泡。

2. 把炒锅放在大火上, 放入食用油, 待油烧热时, 放羊肉片煸炒, 边炒边放入葱条、姜末、酱油、料酒、荷兰豆段, 加汤。

3. 小火上焖透, 改大火收汤, 将水淀粉淋入, 放香油、蒜末, 翻炒几下即成。

【营养功效】此菜可健脾和中, 消暑化湿。

小贴士

荷兰豆烹调前应用冷水浸泡或用沸水稍烫。

平锅羊肉

主料: 羊腿肉350克, 洋葱100克, 红辣椒50克, 豆豉50克。

辅料: 食用油、葱、蒜、姜、红辣椒、干辣椒、辣椒酱、大料、桂皮、红油、蚝油、酱油、料酒、盐、味精各适量。

制作方法

1. 将羊腿去主骨, 氽水, 放入加有清水、洋葱、干辣椒、姜、葱、料酒、大料、桂皮、盐、味精的汤锅, 煮至八成熟, 捞出切条; 红辣椒切圈; 大葱切片; 干辣椒切段。

2. 净锅放入食用油, 烧至六成热, 下羊肉略炸, 倒入漏勺沥尽油。

3. 锅内留底油, 下蒜、红辣椒圈、干椒段、豆豉略炒, 加入羊肉, 烹入料酒炒香, 加味精、酱油、辣椒酱、蚝油炒拌均匀, 倒入鲜汤稍焖, 淋红油即可。

【营养功效】羊肉高蛋白、低脂肪, 含磷脂多, 常吃可养身补虚。

小贴士

烹饪时可放一个山楂或加一些萝卜、绿豆。

制作方法

1. 把羊肉洗净切块，用开水汆过后捞出控水；葱、姜洗净分别切成段和片。

2. 锅中放食用油烧热，放入豆瓣酱炒出香味，加入高汤，烧开后稍煮，把豆瓣酱的渣子捞净，再把羊肉、料酒、盐、味精、葱、姜一起下锅，大火烧开，转小火慢烧，待肉软烂时收浓汤汁即可。

【营养功效】此菜可补脾胃，助元阳。

小贴士

　　羊肉在烧制时可以用小火慢煮，熟烂后口感极佳。

豆瓣焖羊肉

主料：羊肉500克。

辅料：食用油、料酒、豆瓣酱、高汤、盐、味精、葱、姜各适量。

制作方法

1. 羊肉去皮洗净切片，姜、蒜洗净切末，葱洗净切花。

2. 往羊肉里加盐、味精、料酒、胡椒粉、水淀粉腌渍，然后分别用竹签穿好待用。

3. 往锅里倒食用油，烧热起烟时放入羊肉串，炸至外黄里嫩时捞起沥油。

4. 锅内留底油，把姜、蒜爆香，放入羊肉串，撒上白芝麻、葱花，淋入香油炒匀即可。

【营养功效】此菜可补虚劳，祛寒冷，温补气血。

小贴士

　　可在羊肉串中加上一点肥羊肉，味道会更香。

芝香羊肉串

主料：羊肉300克。

辅料：食用油、白芝麻、葱、姜、蒜、淀粉、香油、料酒、胡椒粉、盐、味精各适量。

椒爆牛心顶

主料: 牛心顶250克。

辅料: 食用油、红椒、青椒、姜、水淀粉、香油、豆瓣酱、盐、味精各适量。

制作方法

1. 牛心顶去净油，洗净切厚片；青椒、红椒、姜洗净切片。

2. 往锅内加水，水烧开后，下入切好的牛心顶，烫去异味倒出沥水。

3. 锅里放食用油烧热，放入姜、豆瓣酱、青椒、红椒爆香，投入牛心顶片，用大火爆炒片刻，调入盐、味精炒至入味，用水淀粉勾芡，淋入香油即可。

【营养功效】牛心顶有养血补心，治健忘、惊悸之功效。

小贴士

用大火炒可使牛心顶更加脆嫩爽口。

陈皮牛肉

主料: 牛腿肉500克。

辅料: 食用油、干辣椒、陈皮、葱、蒜、姜、料酒、酱油、盐、味精、香油、鸡汤、花椒各适量。

制作方法

1. 将牛腿肉切成片，干辣椒去蒂和籽。

2. 炒锅加食用油，烧至八成热时，下牛肉片炸干水分取出，沥干油。

3. 原锅留底油，投入干辣椒稍煸，放入葱结、姜片、蒜片、花椒、料酒、酱油、盐、陈皮、牛肉片、鸡汤，用小火焖至酥软，转大火收干汤汁，放入味精，淋入香油，拣去葱结、辣椒、姜片即可。

【营养功效】陈皮含有陈皮素、橙皮苷及挥发油，具有理气和中、燥湿化痰的作用。

小贴士

陈皮不宜与半夏、南星同用，不宜与温热香燥药同用。

蚝油甜豆牛柳

制作方法

1. 将甜豆择去老筋洗净，放入沸水中氽烫断生，捞出后放入冷水中浸泡，待完全冷却后再沥干水分。

2. 牛柳切片，用生抽、淀粉和料酒抓拌均匀，腌渍10分钟；葱洗净切成段，红椒切片。

3. 炒锅中倒入食用油，待油七成热时，放入牛肉片滑炒至八成熟，放入甜豆，加入蚝油、红椒、葱段和盐，翻炒至熟即可。

【营养功效】甜豆具有修补肌肤、促进乳汁分泌、降低胆固醇的作用。

小贴士

甜豆焯烫后要立即放入冷水中浸泡，不要省略这一步，否则无法保持其碧绿的颜色。

主料： 牛柳200克，甜豆250克。

辅料： 食用油、蚝油、生抽、料酒、淀粉、葱、红椒、盐各适量。

鲜香牛肝

制作方法

1. 马蹄切片，泡椒切碎，牛肝撕去表皮切片，木耳洗净，姜、蒜切末，红椒切片。

2. 牛肝加盐、糖、水、淀粉、高汤拌匀上浆，调入泡椒、姜、蒜拌匀腌渍。把酱油、醋、味精、水淀粉同盛于碗内，加高汤兑成芡汁。

3. 锅中倒食用油烧热，加入牛肝、泡椒、姜、蒜，炒至牛肝发白，加入料酒、马蹄、木耳、红椒煸炒，倒入芡汁炒匀，调入香油、花椒粉即可。

【营养功效】牛肝具有养血、补肝、明目之功效。

小贴士

牛肝肉质粗糙，炒制时间不宜过长。

主料： 牛肝200克，马蹄、泡椒各50克。

辅料： 食用油、高汤、水发木耳、姜、蒜、红椒、香油、酱油、料酒、淀粉、花椒粉、香醋、盐、糖、味精各适量。

辣蒸牛肉萝卜丝

主料: 牛肉300克,白萝卜200克。

辅料: 蒜、姜、葱、香油、盐、酱油、料酒、辣椒粉、味精、食用油、胡椒粉各适量。

制作方法

1. 牛肉切细丝,用盐、酱油、料酒、胡椒粉、食用油腌渍。白萝卜切粗丝,用盐腌。把腌好的牛肉丝、姜蒜末、辣椒粉、白萝卜丝拌在一起。

2. 蒸锅烧开水,铺上屉布,把牛肉萝卜丝顺蒸锅内壁围一圈,把屉布盖在牛肉萝卜丝上,用大火蒸30分钟左右。

3. 把蒸好的牛肉萝卜丝倒进碗里,再把碗反扣到盘中,使倒出的牛肉萝卜丝定出似碗的圆形,放上葱末,淋上香油即可。

【营养功效】萝卜有助于增强机体的免疫功能,提高抗病能力。

小贴士

萝卜不可与橘子同食。

腊牛肉

主料: 腊牛肉250克,冬笋50克。

辅料: 食用油、红椒、青蒜、盐、香油、酱油各适量。

制作方法

1. 将腊牛肉洗净,切成段,盛入瓦钵内,上笼蒸1小时后取出,横着肉纹切薄片;冬笋切成腊牛肉大小的片。

2. 红椒切成小片,青蒜切段。

3. 炒锅放入食用油烧至六成热,下入冬笋片煸出香味,再下红椒炒,加盐、酱油再炒,然后扒至锅边,放入腊牛肉急炒30秒钟,再放青蒜、冬笋片、红椒一并炒匀,盛入盘中,淋香油即成。

【营养功效】此菜可补中益气,滋养脾胃。

小贴士

牛肉的纤维组织较粗,结缔组织又较多,应横切。

制作方法

1. 将牛肋条肉切成片，加入葱、姜末，放入甜面酱、豆瓣酱、酱油、料酒、味精、淀粉、五香粉搅拌均匀，再加上食用油拌好。

2. 将油菜段铺在小蒸屉的底部，将裹匀糯米粉的牛肋条肉片铺在油菜上，架在锅上用大火蒸至牛肉酥嫩。

3. 锅上火，加入食用油，放入葱末炒出香味，浇淋在牛肉上，撒上胡椒粉、香菜段即可。

【营养功效】此菜可活血化淤，解毒消肿，宽肠通便。

小贴士

牛肉蛋白质含量高，脂肪含量低。

小笼粉蒸牛肉片

主料： 牛肋条肉 250 克，糯米粉 50 克，油菜 50 克。

辅料： 食用油、香菜、葱、姜、甜面酱、五香粉、豆瓣酱、料酒、酱油、味精、淀粉、胡椒粉各适量。

制作方法

1. 牛肉切片，加味精、胡椒粉、淀粉、料酒拌匀，腌渍2小时；香菇泡软去蒂，香芋、姜、蒜切片；葱切成小段。

2. 油锅放入香芋，炸到变色即捞起，放入牛肉，炸至浮起，捞出沥干。

3. 沙锅加油，放入姜、蒜爆香，加入高汤、盐、味精、糖、料酒、香芋，将芋头煮至稍烂，下牛肉、香菇、葱稍煮，加水淀粉勾芡，淋牛奶煮沸，以中火稍煮即可。

【营养功效】香芋具有通便、解毒、消肿止痛的作用。

小贴士

香芋烹调时一定要烹熟，否则其中的黏液会刺激咽喉。

香芋牛肉煲

主料： 牛肉 150 克，香芋 150 克。

辅料： 食用油、干香菇、牛奶、葱、料酒、姜、蒜、味精、胡椒粉、淀粉、盐、糖、高汤各适量。

冬笋烧牛肉

主料： 牛肉250克，冬笋250克。
辅料： 高汤、食用油、红椒、青椒、葱、姜、花椒、香油、料酒、豆瓣酱、胡椒粉、盐、味精各适量。

制作方法

1. 把牛肉放在锅里，加入适量水和洗净的部分葱、姜，大火烧开，除尽血水后捞出切丝；冬笋泡软切丝；红、青椒切丝。

2. 锅里放食用油，烧热后下入豆瓣酱、红椒丝、青椒丝、花椒炒出香味，加入姜、葱，烹入高汤烧制出香味后去掉料渣。

3. 牛肉丝入锅，放料酒、香油、胡椒粉、盐、味精，改小火，牛肉焖至七成熟时加入冬笋，烧入味后即可。

【营养功效】 此菜可滋阴凉血，和中润肠，清热化痰。

小贴士

切牛肉丝时可以逆着肌肉纹理。

番茄烧牛肉

主料： 牛肉250克，番茄400克。
辅料： 食用油、葱、姜、蒜、淀粉、酱油、番茄酱、盐、糖、味精各适量。

制作方法

1. 牛肉切片，加酱油、油、水淀粉拌匀腌渍，番茄去皮，切成块状；葱、姜、蒜切末。

2. 往炒锅里放食用油，烧至八成热时，把牛肉倒进去，炸至七成熟时捞起沥油。

3. 锅内留底油，放入葱、姜、蒜、番茄翻炒，加适量清水及盐、番茄酱、糖、味精。

4. 番茄煮烂后加入牛肉略炒，用水淀粉勾芡，炒匀后即可装盘。

【营养功效】 此菜可生津止渴，健胃消食。

小贴士

没有鲜番茄时，可以用番茄酱代替番茄。

香干牛肉丝

制作方法

1. 五香豆干洗净切丝；青椒、红椒分别去蒂洗净，切丝；牛肉洗净切丝。

2. 把牛肉丝放入碗中，加入酱油、料酒、淀粉、食用油拌匀并腌10分钟，放入油锅中炒至七成熟，盛出。

3. 将原锅内的剩油烧热，放入豆干、青椒略炒，加入红椒、盐、酱油、糖炒至入味，加入牛肉丝炒匀即可。

【营养功效】豆干含有丰富的蛋白质，可防止血管硬化、预防心血管疾病。

小贴士

　　香干是人们最常吃、也很爱吃的一种豆制食品，不但价廉物美，而且营养丰富。

主料：牛肉400克，五香豆干200克。

辅料：食用油、青椒、红椒、淀粉、酱油、料酒、盐、糖各适量。

萝卜牛肉汤

制作方法

1. 将牛肉切成薄片；萝卜切成薄片；姜切片；红椒切圈。

2. 锅烧热油，下姜片干煸，然后放入萝卜片。

3. 加入水、盐和料酒，再加入牛肉煮熟，最后加红椒点缀即可。

【营养功效】萝卜含有能诱导人体自身产生干扰素的多种微量元素，可增强机体免疫力。

主料：牛肉200克，萝卜250克。

辅料：食用油、盐、料酒、姜、红椒各适量。

小贴士

　　本汤是冬季养生汤，尤其适合老年人吃。

黑木耳炒牛肉

主料: 牛肉 100 克, 黑木耳 250 克。

辅料: 食用油、黄瓜、红椒、料酒、姜、葱、盐、味精各适量。

制作方法

1. 将黑木耳用温水发透，去杂质，撕成瓣状；黄瓜去皮洗净，切薄片；牛肉洗净切薄片；姜切片；葱切段；红椒切片。

2. 将炒锅置大火上烧热，加入食用油，烧至六成热时，加入姜片、葱段爆香，随即下入牛肉片、料酒炒变色，放入黑木耳、黄瓜、红椒、盐，炒至断生，撒上味精炒匀即可。

【营养功效】此菜含有丰富的铁、氨基酸，具有补脾胃、益气血的功效。

小贴士

牛肉要选软嫩的。

盐水牛肉

主料: 牛腱子肉 500 克, 香菜 100 克。

辅料: 盐、葱、姜、花椒、料酒、糖、香油各适量。

制作方法

1. 牛腱子肉用盐、糖、花椒腌渍，取出洗净。

2. 锅下入牛腱子肉、拍破的葱姜、料酒、适量水煮至肉七成熟，捞出晾凉，刷上香油，以免干裂。

3. 切薄片摆盘，淋香油，撒上香菜即可。

【营养功效】此菜可强健筋骨，化痰息风，止渴止涎。

小贴士

服用补药和中药白术、丹皮时，不宜服用香菜，以免降低药效。

啤酒焖牛肉

1. 将牛腿肉切成块，洗净，控去水，用盐、胡椒粉拌匀，再放入面粉拌匀；嫩豌豆切去两头。

2. 锅放食用油烧热，下牛肉块煸透，沥出油，倒入啤酒，加盐和香叶煮沸，置小火上焖约1小时至肉烂。

3. 炒锅上火，放入黄油烧热，下嫩豌豆、盐煸透，下味精炒匀，倒入牛肉锅中煮片刻即可。

【营养功效】此菜可补中益气，滋养脾胃，健胃利尿。

小贴士

牛肉先用盐、胡椒粉拌匀，使之入味，焖时用小火焖至牛肉酥烂。

主料： 牛腿肉500克，啤酒250毫升。

辅料： 食用油、嫩豌豆、面粉、白胡椒粉、盐、香叶、黄油、味精各适量。

阿胶牛肉汤

1. 牛肉去筋，切片；阿胶用刀背敲碎。

2. 牛肉与姜、料酒一同放入炖盅，加水适量，小火煮30分钟。

3. 加入阿胶及盐，煮溶即可。

【营养功效】此汤滋阴养血，温中健脾。

小贴士

阿胶有清肺润燥的作用，用于血虚眩晕、心悸，阴虚心烦失眠或阴血不足之证，有补血滋阴之功。

主料： 牛肉100克，阿胶15克。

辅料： 姜、料酒、盐各适量。

黄焖牛肉

主料: 牛肉600克, 笋干50克, 黄花菜25克, 黑木耳25克, 鸡蛋2个。

辅料: 盐、味精、糖、酱油、葱、蒜、红椒、牛肉汤、水淀粉、面粉、胡椒粉、香油各适量。

制作方法

1. 将净牛肉置炒锅中加清水在大火上煮至酥嫩, 晾凉, 切片, 加水淀粉、鸡蛋清、味精、面粉、盐一起搅匀成浆。

2. 炒锅下香油烧至六成热, 将牛肉逐块挂匀浆放入油锅余炸至呈黄色时捞出。

3. 炒锅留底油烧热, 放入葱段、蒜片略煸, 加适量牛肉汤, 下黄花菜、黑木耳、笋干、红椒、酱油、盐、糖、味精、牛肉片, 焖20分钟, 撒上胡椒粉即可。

【营养功效】黑木耳富含多糖胶体, 有良好的清滑作用。

小贴士

牛肉受风吹后易变黑, 因此要注意保存。

冬瓜炖牛肉

主料: 牛肉1000克, 冬瓜500克。

辅料: 食用油、葱、姜、料酒、味精、盐各适量。

制作方法

1. 将牛肉洗净, 切成小块, 放入沸水锅中余透, 捞出漂清; 冬瓜去皮和瓤, 洗净, 切成骨牌块。

2. 炒锅上大火, 放入食用油烧热, 下葱结、姜块炸香, 下牛肉块略煸, 装入沙锅中, 加适量清水淹没, 放入料酒, 置大火上煮沸, 改小火炖至牛肉八成熟时, 放入冬瓜块继续炖至酥烂, 加盐、味精, 撒上葱花即可。

【营养功效】此菜可清热解毒, 利水消痰。

小贴士

牛肉要余透, 漂清, 以保持汤清。

洋葱牛肉

制作方法

1. 牛里脊肉切片；洋葱去皮切丝；青椒、红椒洗净，切丝。将洋葱和椒丝放入锅中煸炒至熟，捞起。

2. 锅中加半锅水烧开，放入牛肉片煮至肉色变白，捞出浸入凉开水中，待凉捞出沥干，放在洋葱上。

3. 将辣椒油、陈醋、糖、盐放入小碗中调匀，淋在牛肉上即可。

【营养功效】牛肉具有暖中补气、补肾壮阳、健脾补胃、滋养御寒、宜筋骨、增体力之功效。

小贴士

烹饪时放一些山楂、一块橘皮，牛肉易烂。

主料：牛里脊肉 450 克。

辅料：洋葱、青椒、红椒、辣椒油、陈醋、糖、盐各适量。

牛腩莲藕

制作方法

1. 牛腩洗净切块。

2. 莲藕洗净淤泥，去皮，切成厚片。

3. 海带放在水中浸泡切条。

4. 将上述材料和适量清水一起放入锅内，煮沸，加油、盐、姜、葱、花椒、大料、陈皮、料酒和大蒜调味，小火煮至牛腩熟透即可。

【营养功效】此汤可化痰润肺，开胃祛积。

小贴士

莲藕要挑选外皮呈黄褐色、肉肥厚而白的。

主料：牛腩 400 克，莲藕 100 克。

辅料：食用油、海带、陈皮、盐、姜、葱、花椒、料酒、大蒜、大料各适量。

五更牛腩

主料： 牛腩 500 克，番茄 150 克。

辅料： 食用油、高汤、青蒜、葱、姜、蒜、料酒、辣豆瓣酱、大料、鸡精、酱油、水淀粉各适量。

制作方法

1. 牛腩切块，放入沸水中汆烫 5 分钟，去除血水后捞出，用清水冲凉，放入大碗中，加入葱段和姜片、大料，再加入番茄、料酒和适量水没过牛腩，上屉蒸 30 分钟。

2. 锅中倒入适量食用油烧热，放入蒜片、葱段爆香，加辣豆瓣酱、高汤煮开，加入煮好的牛腩及鸡精、酱油煮透，用水淀粉勾芡，撒入青蒜即可。

【营养功效】 此菜有补中益气、滋养脾胃、化痰息风的功效。

小贴士

处理牛腩时，最好加入冰糖。

菠萝炒牛肉

主料： 牛肉 250 克，菠萝 300 克。

辅料： 食用油、料酒、蚝油、生姜粉、淀粉、糖、盐、胡椒粉各适量。

制作方法

1. 牛肉横切成片，加食用油、糖、生姜粉、淀粉、胡椒粉、料酒抓匀，腌 15 分钟左右。

2. 菠萝清洗干净，切成小块，用淡盐水浸泡几分钟后取出沥干水待用。

3. 炒锅入食用油烧热，倒入腌好的牛肉，快速翻炒，加入适量蚝油，放入菠萝块，快炒即可。

【营养功效】 菠萝有健胃消食、补脾止泻、清胃解渴的作用。

小贴士

这个菜炒的时间不要超过一分半钟，动作一定要快，最好事先一次性将牛肉味道腌足。

制作方法

1. 将牛里脊肉改刀成片，入水中泡去血水，用生抽、淀粉、盐、料酒、葱、姜腌渍入味。

2. 加入鸡蛋、面粉上浆，入油锅中滑出，将酱油、料酒、盐、糖、鲜汤、味精、面粉兑成汁备用。

3. 炒锅加入适量油，下入葱花、姜末、蒜末炝锅，烹入芡汁加热至面粉熟后放入滑好的牛肉片翻炒均匀，加入适量的蚝油迅速翻炒均匀即可。

【营养功效】牛肉含有丰富的蛋白质、氨基酸，能提高机体抗病能力。

小贴士

在腌渍上浆时加入适量的面粉，可以使肉质变得松弛。

蚝油牛柳

主料： 牛里脊肉 250 克，鸡蛋 2 个。

辅料： 食用油、鲜汤、面粉、盐、淀粉、料酒、生抽、葱、姜、蒜、酱油、糖、味精、蚝油各适量。

制作方法

1. 将牛里脊肉在开水里煮一下，捞出洗净，放入清水锅中，加入葱、姜、料酒，小火炖至八成烂，切片待用。花生米在开水中浸泡 15 分钟，去皮洗净，煮烂。

2. 用刀把鸡脯肉剁细，与料酒、葱、姜合在一起，加入适量的水搅匀，挤出血水后，倒入牛肉汤用小火熬成清汤。

3. 蒸碗中放入花生米、牛肉片、清汤，加盐和味精拌匀，上屉蒸至牛肉熟烂即可。

【营养功效】花生的内皮含有抗纤维蛋白溶解酶，可防治各种外伤出血。

小贴士

花生的诸多吃法中以炖、蒸为最佳。

花生米牛肉汤

主料： 牛里脊肉 200 克，鸡脯肉 150 克，花生米 100 克。

辅料： 葱、姜、料酒、味精、盐各适量。

牛肉花椰菜汤

主料: 牛肉汤500毫升,花椰菜、土豆、熟牛肉各100克。

辅料: 洋葱、胡萝卜、牛油、盐、香叶各适量。

制作方法

1. 将洋葱切丝,胡萝卜切条,放在锅内,加上香叶、牛油焖熟;熟牛肉切成薄片。

2. 放入土豆条,加上牛肉汤煮沸,土豆煮熟后放盐调味,再加上熟花椰菜。

3. 起汤时,放上切好的牛肉即可。

【营养功效】牛肉具有暖中补气、补肾壮阳、健脾补胃、滋养御寒之功效。

小贴士

用纱布包一小撮茶叶与牛肉同煮,可使牛肉易熟快烂。

苦瓜木棉花牛肉汤

主料: 牛肉300克,苦瓜500克。

辅料: 木棉花、盐适量。

制作方法

1. 苦瓜开边去瓜瓤、仁,洗干净,切片,木棉花、牛肉分别洗干净,牛肉切片。

2. 锅内加水煮沸,投入苦瓜片、牛肉片,氽水,捞起。

3. 瓦煲内放入适量清水,大火煲至水沸,放入苦瓜、木棉花,改用中火煲45分钟,加入牛肉和少许盐煮至牛肉熟透即可。

【营养功效】此汤清热消暑、利尿去湿、明目解毒。

小贴士

苦瓜所含的苦瓜素能增进食欲。

桂圆牛肉汤

制作方法

1. 牛里脊肉洗净后切成薄片，用水煮清汤。

2. 煮沸后去泡沫和浮油，放入黄芪和桂圆肉，煮至水减半即可。

3. 用料酒和盐调味，加入豆苗即可食用。

【营养功效】桂圆具有滋补强体、补心安神、养血壮阳的作用。

小贴士

　　牛肉可以选择略带筋的部分，口感会更好。桂圆、牛肉均不可久煮，否则口感会欠佳。

主料: 牛里脊肉 250 克。

辅料: 桂圆肉、黄芪、豆苗、料酒、盐各适量。

海带炖牛尾

制作方法

1. 将牛尾去掉残皮，切成段，放入沸水锅内汆一下，取出漂洗干净。海带上屉蒸 10 分钟，取出切成小条，再放沸水锅内烫一下，捞出控净水分。

2. 锅置大火上，放入牛尾煮沸，去掉浮沫，加姜、花椒和料酒，用小火炖 25 分钟，取出牛尾。

3. 用纱布将炖牛尾的汤内沉淀物滤去，把汤倒在净锅内，加海带条、牛尾段、酱油、味精和盐，煮沸后改小火将牛尾炖熟烂，撒上葱丝和香菜段即可。

【营养功效】海带有驱风补身、清热滋润的作用。

小贴士

　　脾胃虚寒的人在吃海带的时候，不要一次吃太多。

主料: 鲜牛尾 750 克，海带 75 克。

辅料: 香菜、姜、花椒、葱、盐、味精、料酒、酱油各适量。

黄豆焖牛腩

主料: 牛腩 400 克，干黄豆、胡萝卜各 50 克。

辅料: 食用油、高汤、枸杞子、葱、姜、料酒、胡椒粉、盐、味精各适量。

制作方法

1. 将牛腩洗净切块，干黄豆泡透洗净，姜洗净切末，葱叶洗净切丝,胡萝卜洗净去皮切块，枸杞子泡洗干净。

2. 往锅里放入食用油，烧热，放入姜、牛腩爆干水分,倒入料酒、高汤,用小火焖20分钟。

3. 加入胡萝卜、黄豆、枸杞子焖至肉熟烂，加盐、味精、胡椒粉、葱丝,焖透入味装盘即可。

【营养功效】黄豆的蛋白质含量相当丰富，具有益智补脑的作用。

小贴士

炖煮时在汤里加入少许料酒，有助于加快牛腩熟烂的速度。

酱牛肉

主料: 牛腱子肉 800 克。

辅料: 红辣椒、花椒、葱、姜、香菜、大料、桂皮、酱油、料酒、黄酱、盐、糖各适量。

制作方法

1. 葱切段，姜去皮拍松，红辣椒切丝，香菜切段。将牛肉放入开水锅中,用大火煮去血水，沥干水。

2. 将牛肉放入锅中，加热水至没过肉面，放入酱油、黄酱、盐、糖、料酒、葱段、姜、花椒、大料、桂皮，用大火煮 30 分钟，改用小火炖 1 小时。

3. 捞出牛腱肉，沥水，切成薄片装盘，撒上红辣椒和香菜即可。

【营养功效】牛腱子肉含有胆固醇、维生素A 和多种微量元素。

小贴士

切牛腱子肉时，刀应与肉丝纤维的方向垂直，这样切出来的肉片吃起来会更嫩。

制作方法

1. 把牛腩放在沸水中，用中火煮约 5 分钟，去净血水，用清水冲洗干净。

2. 锅放食用油烧热，放入姜、料酒、大料、桂皮，加入高汤、用大火烧开，调入盐、味精、酱油、胡椒粉。

3. 小火焖至牛腩快熟透时，加入胡萝卜、白萝卜块焖 5 分钟，加入青蒜，用水淀粉勾芡，淋入香油即可。

【营养功效】萝卜含丰富的维生素 C 和微量元素锌，有助于增强机体的免疫功能。

小贴士

香料一定不能多放，否则弄巧成拙，会出怪味。

萝卜焖牛腩

主料： 牛腩 200 克，白萝卜 100 克，胡萝卜 100 克。

辅料： 食用油、高汤、青蒜、姜、大料、桂皮、淀粉、香油、酱油、料酒、胡椒粉、盐、味精各适量。

制作方法

1. 牛鞭洗净，用开水烫，撕去外皮。

2. 锅内放水，加入葱、姜、花椒适量，直至将牛鞭煮烂，捞出一破为二，除去尿道，切成长段。

3. 炒锅上大火，将食用油烧热，加入葱、姜和蒜瓣煸炒出香味，加入料酒、酱油，再加鸡汤、糖、味精、盐，用糖色将汤调成红色。牛鞭放入汤中用小火煨至汤汁干浓，拣出葱、姜，用水淀粉勾浓流芡，淋花椒油即可。

【营养功效】牛鞭含有雄激素、蛋白质、脂肪等。

小贴士

做红烧菜时，水量要一次加足才香。

红烧牛鞭

主料： 牛鞭 1000 克，葱段 100 克，蒜瓣 20 克，姜块 50 克。

辅料： 食用油、鸡汤、花椒油、酱油、花椒、味精、盐、糖、料酒、糖色、水淀粉各适量。

三鲜牛筋

主料: 油发牛筋 400 克，菜心 500 克，熟鸡肉 100 克，蘑菇 100 克。

辅料: 食用油、火腿、料酒、浓汤、盐、味精、水淀粉各适量。

制作方法

1. 油发牛筋泡透，洗净油腻和其他杂质，用刀切成须，放入开水中稍烫，取出用冷水洗净，挤去水分。

2. 鸡肉和火腿切片，蘑菇切圆片，菜心用开水氽。

3. 炒锅上火，烧热后放入浓汤，加食用油、味精、料酒、盐和牛筋，煨出味后，再将火腿、鸡肉、蘑菇、菜心下锅烩透，收浓汁，以水淀粉勾芡即可。

【营养功效】菜心含有蛋白质、脂肪、碳水化合物等营养成分。

小贴士

油发牛筋泡发时，可将 1 克碱放入热水中溶化，更容易去除油腻。

牛肉冻

主料: 牛肉 500 克。

辅料: 香菜、葱、料酒、盐各适量。

制作方法

1. 将牛肉切成小块，放入锅内，加水，用小火熬 1 小时，取出肉汁，加水再炖，再取出肉汁，如此共进行五次。

2. 混合各次肉汁，用小火煎熬至黏稠，冷却后加入盐、料酒搅匀，放凉或置冰箱内成冻，食用时撒上香菜末、葱末即可。

【营养功效】牛肉有健脾胃、补气血的功效，可治久病体虚、贫血乏力。

小贴士

每次炖煮时应经常搅动肉块，切勿炖糊。

酸菜牛肉汤

制作方法

1. 牛肋条肉切成块，用沸水烫洗一次捞出控干；酸菜切成丝。

2. 炒锅上火，放入食用油烧热，下葱结、姜（拍破）、大料爆香，下牛肉块煸透，倒入清水煮沸，撇去浮沫，倒入沙锅，加料酒，移至小火上煮至牛肉八成熟时，放入酸菜、盐、味精、胡椒粉，煮至牛肉酥烂即可。

【营养功效】此汤能增强食欲、舒暖身体。

小贴士

　　牛肋条肉切成块后先用沸水烫洗一次，以除腥味。

主料： 牛肋条肉500克，酸菜250克。

辅料： 食用油、料酒、姜、大料、葱、盐、味精、胡椒粉各适量。

当归牛腩

制作方法

1. 蒜切末，姜切末，水发香菇去蒂洗净，冬笋煮熟切块，当归切片后用纱布包扎好。

2. 将牛腩洗净，切成块，入沸水锅中汆透捞起，洗净。

3. 炒锅放入食用油烧热，下蒜、姜爆香，放入牛腩、冬笋、香菇，加料酒、酱油、鸡汤煮沸，倒入沙锅中，加入当归、盐，小火焖至酥烂，入水淀粉勾薄芡，淋香油，撒入胡椒粉即可。

【营养功效】当归可用于治中风、口吐白沫、产后风瘫等。

小贴士

　　牛腩应先用沸水汆透洗净，焖时一定要用小火。

主料： 牛腩750克，当归、水发香菇各25克，冬笋150克。

辅料： 食用油、鸡汤、蒜、姜、料酒、酱油、盐、胡椒粉、水淀粉、香油各适量。

兰椒炒牛肉

主料: 牛肉 150 克,荷兰豆 30 克。

辅料: 食用油、红椒、青椒、姜、淀粉、香油、料酒、糖、盐、味精各适量。

制作方法

1. 牛肉洗净切片,青椒、红椒切片,姜洗净切片。

2. 牛肉加盐、味精、淀粉、水、料酒腌约5分钟,下热油锅中炒至八成熟时倒出。

3. 往锅里重新注油,烧热,放入姜片、荷兰豆、辣椒片爆炒片刻,调入盐、味精、糖炒几下,加入炒过的牛肉炒匀,用水淀粉勾芡,淋入香油即可。

【营养功效】荷兰豆含有优质蛋白质,可以提高机体的抗病能力和康复能力。

小贴士

最后放牛肉是为了避免炒制时间过长,牛肉片肉质老化。

葱爆牛肉

主料: 牛肉 200 克。

辅料: 食用油、熟白芝麻、葱、蒜、姜、料酒、酱油、辣椒粉、鸡精、淀粉、盐、米醋、香油各适量。

制作方法

1. 牛肉洗净,横着纹理切成薄片,加入酱油、辣椒粉、料酒、鸡精、盐、淀粉抓匀,腌渍30分钟入味。

2. 大葱去头尾洗净,斜切成段;姜去皮洗净,和蒜一同剁成末。

3. 烧热油,倒入大葱段和姜、蒜末炒至香气四溢,倒入腌好的牛肉片,与大葱一同翻炒至牛肉变色,加入盐和米醋,淋上香油炒匀,装盘撒上熟白芝麻。

【营养功效】牛肉具有滋养脾胃、补中益气、强健筋骨等功效。

小贴士

冬天吃牛肉不仅补益身体,还能御寒。

爆牛肉

制作方法

1. 将牛里脊肉上筋膜剥除掉，切成薄片，加入酱油、水淀粉、清水拌匀；青蒜切成长段。

2. 炒锅内倒入香油，在大火上烧到冒烟，倒入拌好的肉片，爆 20 秒钟后倒入漏勺里沥出油。

3. 炒锅再放回大火上，加入香油烧热，再加上葱斜段、姜末、蒜末，急炒成黄色，倒入爆好的肉片，随即放入料酒、酱油、醋、水，炒 2 分钟，撒上青蒜段即成。

【营养功效】牛肉的氨基酸组成比猪肉更接近人体需要，而且脂肪含量低。

小贴士

　　烹饪时放一个山楂、一块橘皮或一点茶叶，牛肉会易熟烂。

主料: 牛里脊肉 250 克。

辅料: 香油、水淀粉、青蒜、料酒、酱油、醋、蒜、葱、姜各适量。

清炖牛肉

制作方法

1. 牛肉切块，用凉水泡 30 分钟，移入开水锅内边炖边除浮沫，直到肉熟透无沫为止。

2. 葱切段，姜拍破，与花椒、料酒一起加入锅中，用小火炖至九成烂时，放入切成滚刀块的萝卜。

3. 萝卜炖熟烂时加盐、味精调味即成。

【营养功效】寒冬食牛肉，有暖胃作用，为寒冬补益佳品。

小贴士

　　牛肉的纤维组织较粗，结缔组织又较多，应横切，将长纤维切断。不能顺着纤维组织切，否则不仅无法入味，还嚼不烂。

主料: 牛肉 500 克，白萝卜 200 克。

辅料: 料酒、花椒、味精、葱、姜、盐各适量。

苦瓜炒牛肉

主料: 牛肉 300 克,苦瓜 150 克。

辅料: 食用油、料酒、酱油、豆豉、蒜、姜、盐、味精各适量。

制作方法

1. 牛肉片中加入料酒、酱油及水反复搅拌,腌渍备用;苦瓜去瓤切片,入沸水中汆一下捞出,沥干。

2. 牛肉片放入热油锅中,迅速翻炒,变色后立即捞出。

3. 锅内留底油,烧热,投入豆豉、蒜泥和姜末煸香,倒入牛肉和苦瓜翻炒,加盐、味精炒匀即可。

【营养功效】此菜可清凉解暑,增进食欲。

小贴士

苦瓜出现黄化,代表过熟。

酱牛腱子

主料: 牛腱子肉 1000 克。

辅料: 葱、姜、桂皮、花椒、酱油、盐、料酒、甜面酱、大料、鸡汤各适量。

制作方法

1. 将甜面酱炒出香味,用纱布将大料、桂皮、花椒包好,牛腱子肉改成长块。

2. 锅放鸡汤,烧开后放入酱油、料酒、炒好的甜面酱、盐、葱、姜,然后把五香味料纱布包放到锅里,锅开后撇去浮沫。

3. 将煮好的牛腱子肉放到酱锅里,烧开后撇去浮沫,将火改为小火,呈菊花开状,煨约3小时牛腱子肉即熟,把酱锅离火再闷30分钟,捞出牛腱子肉,晾凉即可。

【营养功效】牛腱子适宜处于生长发育的青少年及术后、病后调养者食用。

小贴士

酱汤要按配方比例做,注意火候及时间。

制作方法

1. 牛肉切成薄片，西蓝花切成小朵，胡萝卜、姜切片。

2. 牛肉片加盐、味精、水淀粉，腌5分钟，放入热油中炒至八分熟。

3. 往锅里放入食用油，烧热，放入姜、胡萝卜、西蓝花，调入盐、味精、糖、蚝油炒至断生，加入牛肉，撒上胡椒粉，大火爆炒，用水淀粉勾芡，淋入香油即可。

【营养功效】此菜可增强机体免疫力，防治肿瘤。

小贴士

西蓝花煮后颜色会变得更加鲜艳，但在烫西蓝花时，时间不宜太长，否则会失去脆感。

西蓝花牛柳

主料: 牛里脊肉100克，西蓝花150克。

辅料: 胡萝卜、盐、味精、生姜、淀粉、香油、蚝油、胡椒粉、糖各适量。

制作方法

1. 牛肉切薄片，冬菜切粒，洋葱切末，香葱切花。

2. 牛肉片加盐、味精、糖、蚝油、香油、洋葱、冬菜、胡椒粉、水淀粉拌匀，装入碗内。

3. 蒸锅里的水烧开后，放入装牛肉的碗，隔水用大火蒸7分钟取出，撒上葱花，淋上油即可。

【营养功效】冬菜营养丰富，含有多种维生素，具有开胃健脑的作用。

小贴士

蒸的时间不要太长，以防肉质变老。

冬菜蒸牛肉

主料: 牛肉200克。

辅料: 冬菜、洋葱、食用油、葱、淀粉、香油、蚝油、胡椒粉、糖、盐、味精各适量。

生拌牛肉

主料： 牛里脊肉 200 克。

辅料： 香菜、芝麻、葱、蒜、包心菜、白梨、醋、盐、糖、鲜露、牛肉清汤粉、辣椒酱、香油各适量。

 制作方法

1. 将包心菜用盐水洗净，放入盘中；香菜择洗干净切末；白梨洗净去皮及核，切丝。

2. 将牛里脊肉切成丝，用醋拌匀后放入冷开水中加热煮沸，捞起沥干水分。

3. 把牛肉丝、香油、香菜末、蒜泥、芝麻、辣椒酱、鲜露、牛肉清汤粉、盐、葱末、糖、白梨丝拌匀即可。

【营养功效】 此菜可健胃消食，发汗透疹，利尿通便。

小贴士

牛肉要顶刀切丝，口感才嫩滑。

白菜炒牛肉

主料： 牛肉 250 克，白菜心 250 克。

辅料： 食用油、盐、醋、料酒、姜、葱、淀粉各适量。

制作方法

1. 白菜剖开，切成细丝；葱和姜洗净切丝。

2. 牛肉洗净切成肉丝，加盐、淀粉、醋腌渍10 分钟。

3. 起油锅，放入腌好的牛肉，翻炒几下后烹入料酒，投入葱段、姜丝，盖上锅盖焖 2 分钟，加入白菜心稍炒至断生，加盐调味即可。

【营养功效】 此菜可排毒养颜。

小贴士

该菜可以不放味精，味道也是鲜美的。

虾香牛肉片

制作方法

1. 把牛肉切片，加料酒、盐、酱油、水、淀粉、食用油腌渍一会；葱、姜、蒜切末。

2. 往锅内倒食用油，烧至六成热时放入虾片炸至开花，捞出摆入盘中，再把牛肉片倒入锅内滑散，捞出沥油。

3. 锅内留底油，烧热后倒入葱、姜、蒜、咖喱粉、沙茶酱、料酒、糖、盐、高汤、味精、牛肉片，用水淀粉勾薄芡，待汁稠时盛出倒入装有虾片的盘中即可。

【营养功效】此菜可壮阳益肾。

小贴士

　　牛肉与板栗相克，同食不易消化，会引起呕吐。

主料: 牛肉 300 克，虾片 50 克。

辅料: 食用油、高汤、葱、姜、蒜、淀粉、酱油、料酒、沙茶酱、咖喱粉、糖、盐、味精各适量。

凉拌牛肉丝

制作方法

1. 将牛脊肉洗净，切成小细丝，放入沸水中烫熟后捞起，晾凉待用。

2. 将姜、葱、香菜洗净，姜、葱切成细丝，香菜切成小段，拌匀，装入盘底，铺上烫好晾凉的牛肉丝。

3. 把盐、味精、醋、辣椒油、花椒油、香油同甜酱油一起调匀，浇在牛肉丝上即可。

【营养功效】此菜可发汗透疹，消食下气，醒脾和中。

小贴士

　　牛肉顶刀横切成细丝，烫熟即捞起，烫的时间不能长，否则容易老韧。

主料: 牛脊肉 250 克。

辅料: 葱、姜、香菜、甜酱油、盐、味精、醋、辣椒油、花椒油、香油各适量。

姬菇牛肉

主料：牛肉200克，姬菇200克。

辅料：食用油、姜、淀粉、香油、蚝油、盐、味精各适量。

制作方法

1. 姬菇去根洗净；生姜去皮切片，牛肉去筋切片；加入盐、味精、淀粉、水，腌渍5分钟。

2. 往锅里倒入食用油，烧热，下牛肉片滑炒至八成熟，倒出待用。

3. 锅内留底油，下入姜片、姬菇、盐炒至八成熟，加牛肉片，调入味精、蚝油，翻炒数次，用水淀粉勾芡，淋香油即成。

【营养功效】姬菇含有抗肿瘤细胞的硒、多糖体等物质，对肿瘤细胞有一定的抑制作用。

小贴士

牛肉切时要去掉筋，烹制前最好用料酒、食用油腌一会，可使其更入味、更鲜嫩。

桃仁牛肉

主料：熟牛肉200克，核桃仁50克。

辅料：食用油、红椒、青椒、葱、淀粉、盐、味精、香油、酱油、糖各适量。

制作方法

1. 牛肉切片，核桃仁去皮，葱、青椒、红椒切段。

2. 把食用油倒入炒锅内烧热，放入葱、青椒段、红椒段爆香，再把核桃仁、牛肉下锅煸炒，烹入酱油，加糖、盐、水、味精烧入味，用水淀粉勾芡，淋入香油即可。

【营养功效】核桃具有多种不饱和脂肪酸，能降低胆固醇含量，因此吃核桃对人的心脏有一定的好处。

小贴士

可先把核桃仁炸透，等牛肉快出锅时再加入，这样烹制出的核桃仁更酥脆，口感更佳。

茶树菇蒸牛肉

制作方法

1. 牛肉切薄片,加料酒、姜末、胡椒粉、食用油、蚝油、水淀粉腌制10分钟。

2. 茶树菇去蒂泡洗干净,放入盘中,撒上少许盐。

3. 把腌好的牛肉放在茶树菇上,上面再铺一层蒜蓉,入笼蒸15分钟即可。

【营养功效】牛肉含有丰富的蛋白质,氨基酸组成比猪肉更接近人体需要,能提高机体抗病能力。

小贴士

　　牛肉寒冬食之,有暖胃作用,为寒冬补益佳品。

主料: 牛肉600克,茶树菇30克。

辅料: 食用油、盐、料酒、蒜、姜、胡椒粉、蚝油、水淀粉各适量。

孜然牛肉

制作方法

1. 葱、姜切成末;牛肉去筋,漂净血水后片成薄片,用盐、料酒、姜、葱腌渍15分钟。

2. 往锅内倒入油,烧至五成热时倒入牛肉片,炸至酥香捞出。

3. 锅内留底油,放入干辣椒、花椒炒出香味,下牛肉片炒匀,加高汤、料酒、五香粉,烧开后放入辣椒粉、孜然炒香,放入味精、香油,翻炒均匀至熟即可。

【营养功效】孜然具有醒脑通脉、降火平肝等功效。

小贴士

　　在煸炒时不宜放太多液体状调料。

主料: 牛肉250克。

辅料: 食用油、高汤、干辣椒、葱、姜、花椒、孜然、香油、料酒、辣椒粉、五香粉、盐、味精各适量。

果仁炸牛扒

主料: 牛肉 150 克, 熟花生米 50 克, 鸡蛋 1 个。

辅料: 食用油、淀粉、胡椒粉、盐、味精各适量。

制作方法

1. 牛肉洗净后切成大块, 用刀脊拍松肉块两面, 撒上盐、味精, 花生米去皮压成小粒。

2. 鸡蛋加盐、味精、胡椒粉、淀粉、水调成鸡蛋糊, 把牛肉挂上鸡蛋糊, 粘上花生米粒待用。

3. 往锅里倒入食用油, 烧热后投入挂好糊的牛肉, 炸至外脆里嫩, 捞起装盘即可。

【营养功效】花生含有卵磷脂、维生素 A、B 族维生素、维生素 E、维生素 K 等。

小贴士

牛肉蛋白质含量高, 脂肪含量低, 味道鲜美, 受人喜爱, 有"肉中骄子"的美称。

酥牛肉

主料: 牛肉 1000 克。

辅料: 葱、料酒、酱油、姜、糖、香油、桂皮、大料各适量。

制作方法

1. 将牛肉洗净切成块, 入沸水锅氽约 2 分钟, 用冷水洗去血污; 葱、姜洗净, 葱切段, 姜去皮拍碎。

2. 沙锅锅底放小蒸架, 用葱姜垫底, 再把牛肉排放在上面, 放入糖、酱油、料酒、大料、桂皮、香油, 加清水至浸没牛肉, 加盖, 置大火上烧。

3. 待煮沸后, 改用小火, 用水面团搓条密封沙锅盖的四周, 炖至牛肉酥烂, 拣去葱、姜、大料、桂皮, 起锅装盘, 浇上原汁即成。

【营养功效】此菜含有蛋白质、脂肪、碳水化合物等。

小贴士

沙锅必须用蒸架或竹算子垫底, 锅盖四周要密封, 以防烧焦和走失原汁。

贵妃牛腩

制作方法

1. 牛腩洗净切块，入沸水中余烫一下，去除血水、腥味。

2. 锅中加水，放入牛腩煮30分种，捞出待用。

3. 锅内用油爆香葱段、姜片、大料，放入辣豆瓣、甜面酱、番茄酱同炒，加料酒、酱油略煮，倒入牛腩炒匀，放入水及切滚刀块的胡萝卜，盖上锅盖，以小火焖煮1小时左右即可。

【营养功效】胡萝卜含有大量维生素A，能增强抵抗力及保持良好视力。

小贴士

烧煮时，汤汁可多放些，以水淀粉勾芡，淋于饭上即成牛腩烩饭。

主料: 牛腩1000克，胡萝卜300克。

辅料: 食用油、葱、姜、大料、料酒、酱油、辣豆瓣、甜面酱、番茄酱、味精各适量。

薜菜猪肉汤

制作方法

1. 薜菜洗干净，猪瘦肉切片。

2. 瓦煲内加入清水，用大火煲至水沸，放入薜菜，猪瘦肉片，改用中火煲2小时。

3. 加入盐调味即可。

【营养功效】薜菜味辛、苦，性平，归肺、肝经，可解表，祛痰，利湿，活血，解毒。

主料: 薜菜500克，猪瘦肉200克。

辅料: 盐适量。

小贴士

本汤适宜痢疾、肚痛、腹泻、小便不畅、尿黄者饮用。

凉拌三丝

主料: 猪瘦肉100克, 嫩青瓜3条, 鸡蛋3个。

辅料: 糖、香油、辣酱油、盐、味精、红椒各适量。

制作方法

1. 将嫩青瓜刷洗干净, 晾干水, 切成细丝, 放碗内, 加盐, 拌匀后腌30分钟; 红椒切丝。

2. 将鸡蛋洗净, 放入锅中煮熟, 出锅放凉水中漂凉, 取出剥去蛋壳, 取蛋白, 切成细丝。

3. 将猪瘦肉洗净, 放沸水锅中煮熟, 出锅晾凉, 切成细丝。将肉丝、蛋白丝放青瓜丝碗内, 加盐、糖、味精、香油、红椒丝拌匀, 扣入盘中, 浇上辣酱油即成。

【营养功效】此菜可补气滋阴, 美容嫩肤。

小贴士

此菜尤其适用于慢性肝炎、慢性前列腺炎、疲劳综合征、贫血患者食用。

菠菜肉末汤

主料: 菠菜200克, 五花肉25克。

辅料: 猪油、葱、姜、酱油、盐、醋、味精、淀粉、高汤、香油各适量。

制作方法

1. 菠菜切1厘米长段, 五花肉切小方丁。

2. 炒锅内放猪油烧热, 然后倒入肉丁煸炒几下, 接着用葱、姜炝锅, 再放酱油烹一下。

3. 加入高汤、味精、盐、菠菜, 待煮开后, 用水淀粉勾芡, 淋醋和香油即成。

【营养功效】菠菜有养血止血、利肠通便、解毒之功效。

小贴士

菠菜要选用叶嫩小棵的。

苦瓜瘦肉汤

制作方法 ○ ●

1. 苦瓜洗净去瓤，切片；猪瘦肉洗净，切片。

2. 锅内加清水，放苦瓜，用大火煮沸，滚约3分钟。

3. 待苦瓜全熟，放入肉片，以小火煮片刻，加香油、盐调味即可。

【营养功效】此汤适用于春季感冒伤津、两目干涩、大便秘结等症状。

小贴士

苦瓜煮水擦洗皮肤，可清热、止痒、祛痱。

主料： 苦瓜 150 克，猪瘦肉 90 克。
辅料： 香油、盐各适量。

夏枯草瘦肉汤

制作方法 ○ ●

1. 夏枯草洗净，胡萝卜去皮切片。

2. 猪肉洗净切片。

3. 上述材料一同放入沙锅内，加盖，大火煮沸，小火煲至猪肉熟烂，加盐调味即可。

【营养功效】此汤含丰富的蛋白质、碳水化合物、果酸、维生素 B_1、维生素 B_2、钙、磷、锌等多种营养素，有清肝散结、降脂减肥的作用。

小贴士

夏枯草忌铁，故不能用铁器烹调。

主料： 猪瘦肉 50 克，夏枯草 20 克。
辅料： 胡萝卜、盐各适量。

药膳猪肝

主料： 柴胡、白芍、当归各 15 克，熟地 10 克，猪肝 250 克。

辅料： 姜、菠菜、香油各适量。

制作方法

1. 柴胡、白芍、当归、熟地加入 500 毫升水，熬至约 300 毫升。

2. 猪肝洗净切片。

3. 锅加香油烧热，加入姜丝、猪肝及药汁炒熟，加上洗净氽熟的菠菜，调味即可食用。

【营养功效】柴胡通气血；白芍泄肝火；当归润肠胃，熟地滋肾；猪肝性温味甘寒，能补肝明目养血。这些都是保养肝脏的最佳食材。

小贴士

脘腹胀满、食少便溏者忌服。

酱炒黄瓜肉丁

主料： 黄瓜 250 克，猪瘦肉 150 克。

辅料： 食用油、香油、甜面酱、味精、酱油、葱、姜、淀粉、盐各适量。

制作方法

1. 黄瓜洗净，切成 1 厘米见方的小丁，用盐腌渍 10 分钟，挤去水；猪瘦肉也切成相同大小的丁备用。

2. 炒锅上火烧热，加食用油，放入肉丁煸炒至变色，加入葱末、姜末、甜面酱、酱油煸炒出酱香味。

3. 放入黄瓜丁翻炒，加味精，用水淀粉勾芡，淋香油，出锅装盘即可。

【营养功效】黄瓜具有清热止渴、利水消肿、泻火解毒之功效，可防治动脉硬化。

小贴士

选用新鲜的黄瓜，才能清香味浓。煸炒肉丁和黄瓜丁时，火不宜过大。

禽蛋类

田七石斛炖乌鸡

主料：猪瘦肉150克，田七10克，石斛5克，枸杞子5克，乌鸡800克。

辅料：姜、葱、盐、鸡精各适量。

制作方法

1. 先将乌鸡洗净，猪瘦肉切块，田七、石斛洗净。

2. 锅内放适量清水煮沸，放入乌鸡、瘦肉汆出血水，倒出，用温水洗净。

3. 将乌鸡、猪瘦肉、枸杞子、田七、石斛、姜、葱放入盅内，加适量清水，炖2小时，调入盐、鸡精即可。

【营养功效】乌鸡对人体极具滋补功效，是高级营养滋补品，尤其适宜女性食用，佐以田七、石斛、枸杞子同炖，滋补效果更好。

小贴士

此汤尤其适宜体虚血亏、肝肾不足、脾胃不健者食用。

罗汉果鹌鹑汤

主料：鹌鹑400克，瘦猪肉100克。

辅料：罗汉果、白菜干、甜杏仁、苦杏仁、陈皮、盐各适量。

制作方法

1. 白菜干浸透，洗净切段；罗汉果、甜杏仁、苦杏仁和陈皮洗干净，甜杏仁、苦杏仁去衣。

2. 猪瘦肉洗干净切丁；鹌鹑洗干净，去毛及内脏。

3. 瓦煲内加清水，用大火煲至水沸，放入上述材料，待水再沸起，改用中火煲3小时，加盐调味即可。

【营养功效】罗汉果含有丰富的糖苷，这种糖苷的甜度是蔗糖甜度的300倍，具有降血糖作用，可以用来辅助治疗糖尿病。

小贴士

此汤不宜与猪肝、蘑菇、木耳同食，否则对身体健康不利。

鸡丝裙带汤

制作方法

1. 将鸡胸肉洗净，片成薄片后切丝，加上鸡蛋清和淀粉调拌均匀；裙带菜洗净，切成长条状，放沸水锅内汆一下，捞出沥干。

2. 锅置火上，放熟猪油烧热，放入鸡肉丝炒至变色，取出。

3. 净锅复置火上，放熟猪油烧到七成热，放入姜末炝锅，加入清汤、生抽、盐和料酒煮沸，倒入鸡肉丝和裙带菜烧煮几分钟，撒味精，放入香菜段，出锅盛在汤碗里即可。

【营养功效】此菜可补虚填精，健脾胃，强筋骨。

小贴士

盐渍裙带菜和灰干裙带菜需轻轻地洗掉盐分和杂物。

主料： 鸡胸肉150克，裙带菜100克。

辅料： 鸡蛋、清汤、香菜、淀粉、味精、盐、姜、生抽、料酒、熟猪油各适量。

苦瓜焖鸡翅

制作方法

1. 鸡翅洗净,切成块,放入碗中,加姜汁、料酒、盐、糖、淀粉,拌匀上浆。

2. 苦瓜切成块,放入沸水内汆一下,捞出。

3. 炒锅上火，放食用油烧热，下蒜泥、豆豉煸香，放入鸡翅，至鸡翅将熟时，将苦瓜、红辣椒丝、葱段放入略炒，加半碗水，用小火焖30分钟，加味精即成。

【营养功效】此菜可温中益气，补精添髓，强腰健胃。

小贴士

烹调鸡翅时，应以小火烧煮。

主料： 苦瓜250克，鸡翅50克。

辅料： 食用油、葱、蒜、红辣椒、豆豉、料酒、盐、味精、姜汁、糖、淀粉各适量。

辣子鸡丁

主料: 鸡腿 500 克。

辅料: 食用油、红辣椒、葱、鸡精、盐、鲜露、料酒、淀粉、蒜、姜、花椒各适量。

制作方法

1. 将鸡腿处理干净,砍块切丁,用鸡精、盐、鲜露、料酒、淀粉腌渍,备用。

2. 用七成热的食用油把鸡丁炸至干香,捞出沥油。

3. 炒锅上火烧热,加少许食用油,爆香蒜末、姜末、花椒、红辣椒后,放入鸡丁,烹料酒,撒入葱段,用大火速炒,出锅装盘即可。

【营养功效】鸡肉对营养不良、畏寒怕冷、乏力疲劳、月经不调、贫血、虚弱等人群有很好的食疗作用。

小贴士

凡实证、热证或邪毒未清者不宜食用。

猴头菇煨鸭肉

主料: 鸭肉 250 克,猴头菇 150 克。

辅料: 食用油、葱、姜、料酒、盐、酱油、五香粉、味精、香油各适量。

制作方法

1. 将猴头菇放清水中浸泡 1 小时,捞出,挤去水分,切成薄片,鸭肉洗净后切片。

2. 锅置火上,放食用油烧至八成热,加葱段、姜丝煸炒出香,放入鸭肉共炒片刻,加清水、料酒,小火煨煮至鸭肉将烂时,放入猴头菇片,继续煨炖 30 分钟。

3. 加盐、酱油、五香粉、味精,拌炒均匀,淋上少许香油即成。

【营养功效】此菜可补血行水,养胃生津,止咳自惊,清热健脾。

小贴士

鸭肉忌与杨梅、核桃、鳖、木耳、胡桃、大蒜、荞麦等同食。

制作方法

1. 全部药材洗净，浸透，鸡肉洗净，沥干水分，斩成中块。

2. 上述材料与姜片一同置于炖盅，加入1碗半沸水，炖盅加盖，隔水慢炖。待锅内的水烧开后，用小火续炖2个半小时。

3. 除去药渣，加食用油、料酒、盐调味，即可食用。

【营养功效】此菜可乌发黑须，抗衰祛斑。

小贴士

鸡肉性温，多食容易生热动风，因此不宜过食。

熟地首乌鸡肉汤

主料: 鸡肉250克，首乌15克，熟地8克，女贞子5克。

辅料: 食用油、姜、料酒、盐各适量。

制作方法

1. 将乳鸽清洗干净，入沸水中汆烫，捞出备用；西洋参切成小片；姜切片。

2. 猪肉洗净，用刀背捶成糜，取一蒸碗，放入乳鸽、西洋参片、猪肉糜、姜片、盐、清汤，加入料酒和香油。

3. 入笼用中火蒸1小时，待乳鸽肉软透时取出，加入胡椒粉调味即可。

【营养功效】此菜可补气血，托毒排脓，滋补肝肾。

小贴士

蒸制时间可根据乳鸽大小适当延长，使所含的营养成分充分溶解，易于人体吸收。

西洋参蒸乳鸽

主料: 乳鸽600克，猪肉500克。

辅料: 清汤、西洋参、姜、料酒、盐、胡椒粉、香油各适量。

白鸽醒脑汤

主料: 白鸽 200 克,鸽蛋 100 克。

辅料: 桂圆、枸杞子、笋、火腿、盐各适量。

制作方法

1. 白鸽去毛、内脏,洗净;桂圆去壳;枸杞子洗净;笋切片;火腿切片。

2. 鸽蛋、桂圆肉、枸杞子入鸽腹内,加少许盐,用小火炖 1 小时。

3. 加入笋片、火腿片,小火炖熟即可。

【营养功效】鸽肉含有丰富的蛋白质,能满足大脑活动所需的能量。鸽蛋内的卵磷脂能促进大脑细胞的活动。

小贴士

此汤尤其适宜生长发育期的儿童及青少年饮用。

黄芪乳鸽汤

主料: 乳鸽 400 克,瘦肉 150 克。

辅料: 枸杞子、黄芪、姜、盐各适量。

制作方法

1. 枸杞子、黄芪洗净,乳鸽切去脚,瘦肉切丁。

2. 瘦肉同乳鸽一起入沸水,煮 5 分钟,捞起洗净。

3. 煲加适量清水,煮沸,放入黄芪、枸杞子、姜、瘦肉、乳鸽煮沸,改小火煲 3 小时,放盐调味即可。

【营养功效】黄芪含有碳水化合物、铁、钙,能补虚益气、消疲解乏。

小贴士

为了不使鸽肉中的蛋白质受冷骤凝而不易渗出,煲煮此汤的过程中请勿加冷水。

粉蒸鸽

制作方法

1. 将蒜去皮洗净拍碎；芋头洗净切滚刀块；将洗净的鸽肉和猪肋条肉均切成长方块，加入料酒拌匀，加盐、香油、酱油、胡椒粉、蒜、大料腌渍10分钟，再加蒸肉米粉拌匀。

2. 在蒸碗底部抹食用油，鸽肉皮向下放在碗内，再将肉块放在鸽肉上，加入芋头。

3. 将蒸碗入笼，用大火蒸1小时，取出扣入瓷盘即成。

【营养功效】此菜益胃，宽肠，通便，解毒，补中，益肝肾。

小贴士

鸽肉四季均可入馔，但以春天、夏初时最为肥美。欲健脑明目或进行病后、产后调补者，可将乳鸽与人参、枸杞子配伍，佐以葱、姜、糖、酒一起蒸熟食之，也可配黄芪、枸杞子。

主料: 雏鸽250克，猪肋条肉120克，芋头200克。

辅料: 食用油、蒜、料酒、酱油、盐、香油、胡椒粉、蒸肉米粉、大料各适量。

滑熘鸡片

制作方法

1. 鸡脯肉洗净，切片；黄瓜洗净切片；红椒切片；小碗中放入盐、味精、姜汁、鲜汤、淀粉，调成芡汁备用。

2. 将鸡片放入碗内，加盐、味精、蛋清、淀粉浆拌均匀，放入四成热的油中滑散滑透，倒入漏勺。

3. 炒锅上火烧热，加少许食用油，用葱、蒜片炝锅，烹料酒，放入黄瓜片煸炒片刻，再放入鸡片、红椒，泼入调好的芡汁，翻熘均匀，淋香油，出锅装盘即可。

【营养功效】鸡肉营养十分丰富，具有健脾胃、益五脏、温中益气、补精充髓、强筋骨、补虚损之功效。

小贴士

大火热油，烹制时间宜短，以保持主料的鲜嫩，虽有调料汁，但装盘后不能带汤。

主料: 鸡脯肉250克，黄瓜200克，鸡蛋清40克。

辅料: 食用油、盐、味精、料酒、香油、姜汁、葱、蒜、红椒、淀粉、鲜汤各适量。

炒鸡丝蜇头

主料： 鸡脯肉 150 克，海蜇头 250 克，鸡蛋清 40 克。

辅料： 食用油、鸡汤、鸡油、淀粉、香菜、红椒、姜、葱、盐、味精、料酒、醋、胡椒粉各适量。

制作方法

1. 鸡脯肉洗净切丝，放入碗中，加鸡蛋清、少量盐和水淀粉拌匀上浆；海蜇头切细丝，用清水淘洗净，下热水中余一下；红椒切丝。

2. 碗内放鸡汤、盐、味精、醋、料酒、胡椒粉、水淀粉调成汁。

3. 炒锅内放食用油，大火烧至五成热，放入葱丝、姜丝爆出香味，立即放入鸡丝，炒至熟，下入海蜇头丝、香菜段、红椒丝及碗内芡汁，拌匀，淋上鸡油，装盘即成。

【营养功效】 海蜇头是一种食疗佳品，常食能宣气化痰、消炎行食，又不伤气。

小贴士

海蜇口腕部俗称海蜇头，伞部称海蜇皮。

客家三杯鸡

主料： 鸡 500 克，香菇 30 克，红尖椒 50 克。

辅料： 食用油、葱、姜、蒜、糖、料酒、淀粉、香油、海鲜酱油、胡椒粉、盐各适量。

制作方法

1. 鸡洗净斩块，加入盐和胡椒粉腌渍 15 分钟。红椒切圈，香菇切块，葱切段，姜切片，蒜拍扁。

2. 锅内放食用油烧热，炒香姜、蒜、葱和香菇，放入鸡块炒至刚熟，倒入红椒圈炒匀。

3. 加入料酒，加入海鲜酱油，与锅内食材一同搅拌均匀，加盖，大火煮沸，小火焖煮 10 分钟，煮至汤汁快干时，加水淀粉勾芡，淋香油即可。

【营养功效】 鸡肉有温中益气、补虚填精、健脾胃、活血脉、强筋骨的功效。

小贴士

此菜应选用三黄鸡或清远鸡为主料。

菠萝鸡片汤

制作方法 ○ ●

1. 菠萝削皮后用盐水浸泡片刻，切成扇形片，鸡脯肉切成薄片，用盐、料酒、淀粉各适量拌匀上味。

2. 炒锅放入食用油，用小火将姜丝炒片刻，放入鸡肉片，用大火翻炒几下，加菠萝片后再炒几下。

3. 加入盐和清水，盖好锅盖，待汤煮沸，淋入香油即成。

【营养功效】此汤可生津润燥，美容润颜。

小贴士

此汤鲜香滑嫩，适用于秋季改善皮肤干燥、烦渴饮水，大便干结等症。

主料：菠萝250克，鸡胸脯肉150克。

辅料：食用油、姜、盐、料酒、香油、淀粉各适量。

糟卤鸭块

制作方法 ○ ●

1. 将鸭子洗净，放沸水锅内氽出血水，净锅放入鸭子、大料和花椒烧沸，用中小火煮10分钟，取出鸭子，改刀剁成大块。

2. 把鸭块脊背朝上放在盆内，加葱段、姜片、香糟卤、盐和鸡汤，上屉用大火把鸭肉蒸熟。

3. 把蒸好的鸭块放在锅内，淋汤汁，加上酱油、香糟卤、糖和味精，用小火烧至浓稠，放水淀粉勾芡，淋上熟鸡油即可。

【营养功效】此菜可滋阴养胃，利水消肿。

小贴士

鸭肉配山药既可补充人体水分又可补阴，并可消热止咳。

主料：鸭子750克，香糟卤50克。

辅料：鸡汤、大料、花椒、熟鸡油、盐、酱油、糖、味精、葱、姜、水淀粉各适量。

雪菜毛豆鸡丁

主料: 鸡肉 100 克，雪菜 40 克，毛豆仁 15 克，红辣椒 50 克。

辅料: 食用油、酱油、料酒、淀粉、鸡精各适量。

制作方法

1. 雪菜切末，毛豆仁去皮洗净，红辣椒切末。

2. 鸡肉洗净，切丁，放入碗中加酱油、淀粉拌匀，腌渍 15 分钟。

3. 炒锅中倒入食用油烧热，依序放入红辣椒、毛豆仁炒香，加入鸡肉丁及雪菜末炒熟，再加入鸡精、料酒炒匀即可。

【营养功效】雪菜含胡萝卜素和多种维生素，能增进食欲、帮助消化。

小贴士

雪菜本身即是腌渍品，调味时一定要注意酱油的用量，以免菜肴过咸。

腐乳鸡

主料: 鸡 1000 克，腐乳 75 克，大葱 15 克。

辅料: 猪油、料酒、姜、淀粉、冰糖、盐各适量。

制作方法

1. 鸡洗净，剁成长 5 厘米、宽 2 厘米的块，放在大碗内，加入腐乳汁、料酒、盐拌匀。

2. 姜拍松，和葱同放入大碗中，把鸡整齐地摆入，头、脚和翅等在上，上面放碎冰糖和猪油，再盖一个大盘，上笼大火蒸至八成熟烂时取出，倒扣在盘内。

3. 将蒸鸡原汁滗在勺中，大火烧开，用水淀粉调稀勾薄芡，淋入猪油，浇在鸡上即成。

【营养功效】鸡肉益五脏、补虚损、强筋骨、活血脉。

小贴士

腐乳，又因地而异称为"豆腐乳"、"南乳"或"猫乳"。

豆苗鸡片

制作方法

1. 将鸡脯肉切片,放水浸泡后捞出沥干,加盐、料酒、鸡蛋清、水淀粉搅匀,加入香油拌匀。

2. 炒锅上火放食用油烧至四成热时,放入鸡片滑油,至鸡片呈乳白色倒入漏勺沥油。

3. 炒锅再次上火,放食用油,放入冬笋片、豌豆苗煸炒,加料酒、酱油、糖、味精,水淀粉勾芡,倒入鸡片,烹入香醋,淋入香油,炒均匀,装盘即可。

【营养功效】此菜有防治肿瘤、防止便秘的功效。

小贴士

脾胃虚寒者忌食。

主料: 鸡脯肉100克,豌豆苗200克,熟冬笋片25克,鸡蛋清15克。

辅料: 食用油、料酒、水淀粉、酱油、糖、香油、香醋、盐、味精各适量。

黄精蒸鸡

制作方法

1. 将鸡宰杀,去毛及内脏,洗净,剁成块。

2. 鸡块放入沸水锅氽烫3分钟捞出,洗净血沫。

3. 鸡块装入汽锅内,加入葱、姜、盐、川椒、味精,再加入黄精、党参、山药,盖好锅盖,蒸3小时即成。

【营养功效】此菜益气补虚,适宜体倦无力、精神疲惫、体力及智力下降者服食。

小贴士

气滞、肝火盛者忌用党参,邪盛而正不虚者不宜食用此菜。

主料: 鸡900克,山药、黄精、党参各30克。

辅料: 姜、川椒、葱、盐、味精各适量。

浓香豉油鸡

主料: 鸡900克。

辅料: 麦芽糖、酱油、玫瑰露酒各适量。

制作方法

1. 将鸡宰好洗净备用。

2. 开锅滚开酱油，下少许玫瑰露酒，把鸡放入，一边煮一边将酱油汁淋在鸡身上，煮约15分钟至鸡熟，取出，沥干酱油汁。

3. 在鸡皮上均匀地扫上一层麦芽糖，斩块装碟即可。

【营养功效】鸡肉所含的脂肪多为不饱和脂肪酸，是老人及脑血管疾病者理想的食品。

小贴士

广东人称豉油为酱油，豉油鸡，即以酱油烹制而成的鸡肴。因着色力不同，酱油亦有头抽、生抽、老抽之别，前者着色力弱而后者强。

黑枣炖乌鸡

主料: 乌鸡900克，黑枣100克。

辅料: 料酒、姜、葱、盐、味精、香油各适量。

制作方法

1. 乌鸡宰杀，去毛、内脏及爪；黑枣去核，洗净；姜切片；葱切段。

2. 将乌鸡、黑枣、姜、葱、料酒同放炖锅内，加水适量，置大火上煮沸，改用小火炖45分钟，加入盐、味精、香油即成。

【营养功效】食用乌鸡可提高生理机能、延缓衰老、强筋健骨，对防治骨质疏松、佝偻病、妇女缺铁性贫血等有明显功效。

小贴士

好的黑枣皮色应乌亮有光，黑里泛出红色；皮色乌黑者为次；色黑带棻者更次。好的黑枣颗大均匀，短壮圆整，顶圆蒂方，皮面皱纹细浅。

制作方法

1. 猪瘦肉剁成泥，加入盐、胡椒粉、鸭蛋清、淀粉拌匀成馅；鸭蛋加面粉搅拌成蛋糊备用；胡萝卜洗净，切丝；鸡腿骨头剔净，开边成连着的2片，加盐、料酒、胡椒粉、味精腌渍入味，沥干水分后平放在盘内，用拌好的馅分别涂上铺平，四周用蛋糊黏好。

2. 炒锅小火烧热，放入猪油烧至四成热时，放进鸡腿片，逐渐放食用油，煎至五成熟时，把多余的油倒出，放入料酒、酱油、清汤适量调匀，焖至八成熟时，起锅倒入大碗内。

3. 水发香菇洗净去蒂，放入扣碗中间，鸡腿片码于碗边一周，加上原汁，上笼用大火蒸20分钟至软烂，取出时将蒸汁溚在碗里，反扣入垫有胡萝卜的盘里即可。

【营养功效】鸡腿肉含有对人体生长发育有重要作用的磷脂类。

小贴士

为了便于摄取铁，可以加入维生素C或醋等具有酸味的物质。

红松鸡腿

主料： 鸡腿800克，胡萝卜100克。

辅料： 猪肉、鸭蛋、香菇、淀粉、酱油、胡椒粉、面粉、盐、料酒、味精、猪油、清汤、食用油各适量。

制作方法

1. 将鸡处理干净后剁成块洗净，用酱油拌匀；芥蓝去叶，茎切段。

2. 锅内放食用油烧热，放入鸡块炸至呈火红色倒出沥油，摆在碗内加酱油、糖、料酒、鸡汤、大料、葱、姜，上屉蒸烂，去掉葱、姜、大料。

3. 锅内放食用油烧热，放入香菇、芥蓝煸炒，加鸡汤，入鸡块、浸泡花椒的水用中火烧开，加味精，用水淀粉勾芡，淋明油出锅即成。

【营养功效】鸡肉对营养不良、畏寒怕冷、乏力疲劳、月经不调、贫血、虚弱等症有很好的食疗作用。

小贴士

胆囊炎、胆石症者忌食鸡肉。

红焖鸡块

主料： 鸡500克，鲜香菇15克。

辅料： 芥蓝、食用油、鸡汤、酱油、淀粉、料酒、葱、姜、大料、糖、味精、花椒各适量。

三菌蒸乌鸡

主料: 乌鸡600克,白牛肝菌50克,鸡枞150克,香菇150克。

辅料: 姜、葱、胡椒、味精、盐各适量。

制作方法

1. 将乌鸡宰杀后洗净,煮断生后漂凉;鸡枞、白牛肝菌、香菇切成片,煮断生。

2. 将乌鸡切成条块,摆放碗中,三菌及姜片、盐放于其上,上笼蒸熟。

3. 取出反扣于盘中,再点缀些已熟的三菌,撒葱花、胡椒、味精,挂上白汁即可。

【营养功效】乌鸡含丰富的黑色素、蛋白质、B族维生素、氨基酸、微量元素,其中烟酸、维生素E、磷、铁、钾、钠的含量均高于普通鸡肉,胆固醇和脂肪含量却很低。

小贴士

此菜蒸制时间不宜过久,蒸入味即应起锅,否则鸡肉质地不细嫩。

板栗焖乌鸡

主料: 乌鸡750克,板栗100克。

辅料: 食用油、黄酱、糖、淀粉、葱、味精、汤、料酒、酱油、香油各适量。

制作方法

1. 乌鸡处理干净,剁成大块,放入沸水锅内汆出血水,捞出用清水洗净;板栗去壳。

2. 净锅置火上,放食用油烧热,用葱花炝锅,放入黄酱煸炒片刻,加料酒、酱油、糖、汤和乌鸡块烧30分钟。

3. 放入板栗,用小火焖烧10分钟至鸡熟栗香,放味精,用水淀粉勾芡,淋上香油,出锅装盘即成。

【营养功效】此菜可养胃健脾,补肾壮腰,强筋活血。

小贴士

板栗,俗称栗子,是我国特产,素有"干果之王"的美誉,在国外被称为"人参果"。

制作方法 ○ ·

1. 乌鸡洗干净，去毛、内脏及肥膏；枸杞子、鹿茸片和姜分别洗干净，姜去皮切片。

2. 将以上材料一同放进炖盅内，加入适量开水，盖上炖盅盖，放入锅内。

3. 隔水炖 4 小时，加盐调味即可。

【营养功效】此汤补益血气、补肾养肝、增进食欲、强健筋骨。

小贴士

霉烂的生姜绝不可食用，因其含有毒性很强的黄樟素，对人体有害。

枸杞子 鹿茸乌鸡

主料： 乌鸡 900 克。

辅料： 枸杞子、鹿茸片、姜、盐各适量。

制作方法 ○ ·

1. 把乌鸡洗净，枸杞子放清水中浸泡，党参切成段。

2. 锅置火上，放清水煮沸，放入乌鸡，用中小火煮 15 分钟捞出。

3. 把乌鸡放入汤碗，放入党参片和枸杞子，倒入煮乌鸡的汤，加上姜片、葱段、盐和料酒，上屉蒸 30 分钟，放入味精，再蒸 5 分钟即成。

【营养功效】此汤补气、补肝肾、养阴培元、美容健身，是女性的至补汤品。

小贴士

乌鸡连骨熬汤滋补效果最佳，炖煮时不要用高压锅，使用沙锅小火慢炖最好。

枸杞子 党参乌鸡

主料： 乌鸡 900 克。

辅料： 枸杞子、党参、盐、味精、料酒、姜、葱各适量。

芝麻茄汁烩鸡脯

主料: 鸡脯肉 400 克。

辅料: 芝麻、蒜、茄汁、香油、食用油、淀粉、料酒、辣酱油、盐、糖各适量。

制作方法

1. 将鸡脯肉洗净切块，以盐、糖、料酒、淀粉拌匀；蒜去衣洗净，切片。

2. 炒锅放食用油，爆香蒜片，放入鸡块翻炒一两分钟。

3. 烹料酒，加入茄汁、辣酱油和水，用中火煮至鸡熟，调味，勾薄芡，放芝麻和香油炒匀即可。

【营养功效】芝麻有补肝益肾的食疗功效。

小贴士

芝麻有黑白两种，食用以白芝麻为好，补益药用则以黑芝麻为佳。

生煎鸡

主料: 鸡肉 400 克，鸡蛋 50 克，红椒、洋葱各 25 克。

辅料: 葱、姜、淀粉、胡椒粉、料酒、酱油、香油、猪油、奶汤各适量。

制作方法

1. 将鸡肉斩成块，与蛋清、淀粉抓匀；葱白切成长段；姜、红椒、洋葱切片。

2. 炒锅下猪油烧至八成热，放入葱段炸至金黄色，锅中留余油，改用小火，加入奶汤、料酒、酱油煨 10 分钟，加入胡椒粉翻匀，装入碗中。

3. 炒锅入猪油烧至五成热，炒香姜片，下鸡块炒散，色变白时起锅去油，将锅放回大火上，倒入煨汁和红椒、洋葱和过油的葱段，颠炒片刻，淋上香油即成。

【营养功效】鸡肉含有谷氨酸钠，可以说是"自带味精"。

小贴士

鸡块切忌用油炸的方法来做，因为一经油炸鸡块就会变得面目全非。

制作方法

1. 黄豆用清水泡 20 分钟左右，香菇用清水洗净，鸡翅用花椒水、姜、盐、葱腌渍入味，胡萝卜切成粒。

2. 黄豆、香菇加葱、姜煮熟，待用。

3. 炒锅中倒入食用油烧至八成热，放入腌好的鸡翅翻炒至变色，放入煮熟的黄豆和香菇、胡萝卜及适量汤，改小火，焖至汁浓即可。

【营养功效】黄豆含有蛋黄素和丰富的蛋白质，每天吃一定数量的黄豆或黄豆制品，能很好地增强大脑的记忆力。

小贴士

　　黄豆有"豆中之王"之称，被人们叫做"植物肉"、"绿色的乳牛"。

豆焖鸡翅

主料：鸡翅 300 克，胡萝卜 50 克，黄豆 50 克，水发香菇 50 克。

辅料：葱、姜、花椒水、盐、食用油各适量。

制作方法

1. 鸡切小块；香菇用水泡发后洗净，切块；葱、姜切丝备用。

2. 将姜丝拌入鸡块中，加入盐、酱油、鱼露、淀粉和料酒，最后倒入量较多的食用油，腌渍半小时。

3. 加入香菇、葱丝、枸杞子，上锅蒸 10 分钟后盖上盖，焖两三分钟即可。

【营养功效】此菜可温中益气，补精添髓，补虚益智。

小贴士

　　香菇是世界第二大食用菌，也是我国特产之一，在民间素有"山珍"之称。它味道鲜美，香气沁人，营养丰富，素有"植物皇后"的美誉。

香菇蒸滑鸡

主料：鸡 500 克，干香菇 20 克。

辅料：姜、葱、酱油、盐、鱼露、食用油、枸杞子、淀粉、料酒各适量。

白兰地鸡腿

主料: 鸡腿 350 克。

辅料: 盐、糖、味精、鸡精、白兰地、老抽、姜、葱各适量。

1. 将鸡腿用盐、糖、味精、鸡精、白兰地、老抽、姜、葱腌渍入味。

2. 将腌好的鸡腿穿起，擦上油上炉烤，用中火烤 15~18 分钟。

3. 烤到半熟，撒上少许盐，再烤熟即可。

【营养功效】饮用白兰地，可以驱寒暖身、化淤解毒。

小贴士

国际上通行的白兰地，酒精含量在 40% 左右。

板栗杏仁鸡汤

主料: 板栗肉 150 克，核桃肉 80 克，鸡 1000 克。

辅料: 苦杏仁、红枣、姜、盐适量。

制作方法

1. 杏仁、板栗肉、核桃肉放入沸水中煮 5 分钟，捞起洗净，红枣去核，洗净，鸡去脚洗净，沥干水分。

2. 在沙煲内加适量水，放入鸡、红枣、苦杏仁、姜煲滚，再用小火煲 2 小时。

3. 加入核桃肉、板栗肉再煲 1 小时，加盐调味即可。

【营养功效】此汤补肾益精，强壮筋骨。

小贴士

板栗有健脾养胃、补肾强腰、益气补血的功效。

米粉蒸鸡爪

制作方法 ○·●

1. 在米粉中放入适量水，调制成稠状；鸡爪切去趾尖，斩成两半。

2. 鸡爪汆水后用油炸至深红色，放入碗中加入酱油、盐、食用油、蚝油拌匀，并加少量水放入蒸笼中蒸 30 分钟。

3. 把调制的米粉和蒸好的鸡爪摆入盘中，用豉汁拌匀，再蒸 10 分钟即可。

【营养功效】鸡爪内富含的胶原蛋白是人体中所需的硬胶原蛋白，对维护骨骼的强健有很好的作用。

小贴士

　　将鸡爪放入沸水中汆烫，再加入调料抓匀腌制，可去除其本身的异味。

主料： 鸡爪 300 克，米粉 200 克。

辅料： 豉汁、酱油、盐、食用油、蚝油各适量。

山楂焖鸡翅

制作方法 ○·●

1. 将鸡翅洗净，斩成段，用适量料酒、酱油拌匀，腌渍 10 分钟，沥去汁水；山楂洗净，切成两半，去核待用。

2. 炒锅倒入食用油烧至七成热时，将鸡翅蘸些淀粉放入食用油炸至枣红色，捞出沥油。

3. 锅内留底油，放入葱花、姜末煸香，添清水适量，放入炸鸡翅、山楂，加酱油、糖、盐、味精，烧开后加盖，改小火焖 15 分钟，再改大火收汁，用水淀粉勾芡即成。

【营养功效】此菜活血化淤，有助于解除局部淤血状态，对跌打损伤有辅助疗效。

小贴士

　　生山楂中所含的鞣酸与胃酸结合容易形成胃石。

主料： 鸡翅 500 克，山楂 50 克。

辅料： 葱、姜、盐、味精、糖、料酒、酱油、淀粉、食用油各适量。

菠萝鸡丁

主料: 鸡腿肉300克, 菠萝200克。

辅料: 青椒、酱油、料酒、水淀粉、糖、葱、姜、食用油各适量。

制作方法

1. 鸡腿肉拍松, 切丁后用酱油、料酒、水淀粉、糖腌渍。

2. 热锅放食用油, 将鸡肉过油后捞出。

3. 留底油, 炒葱、姜, 放入菠萝块、青椒, 倒入鸡丁翻炒, 淋上用酱油、料酒、水淀粉、糖做的酱汁即成。

【营养功效】此菜可止渴解烦, 健脾解渴, 消肿, 祛湿, 醒酒益气。

小贴士

菠萝入菜最好选用快熟的, 青菠萝太酸, 会影响口感。菠萝不要煮太久, 以免发酸。

竹丝鸡肫

主料: 乌鸡鸡肫100克。

辅料: 盐、味精、鸡精、料酒、香油、烧烤汁、老抽、糖各适量。

制作方法

1. 乌鸡鸡肫切成花形, 用盐、味精、糖、鸡精、料酒、香油、老抽腌渍片刻。

2. 用竹签将乌鸡鸡肫穿好, 上炉烤至干身, 涂香油烤熟, 刷上烧烤汁即可。

【营养功效】鸡肫性平味甘, 无毒, 对治头晕眼花、咽干耳鸣、耳聋、盗汗等症有一定作用。

小贴士

乌鸡的营养远胜普通鸡。

制作方法 ○ •

1. 将鸡肝剔净筋膜，洗净后切成小块，加盐、淀粉和面粉拌匀。莲子放温水里浸泡30分钟，取出去掉莲子心，上屉蒸至熟烂，取出沥水。

2. 炒锅放食用油烧至六成热，放入鸡肝滑炒至熟，捞出用清水洗去油分，沥干水。

3. 锅置火上，放食用油烧热，用葱、姜末炝锅，加上清汤、酱油、盐、花椒水和味精煮沸，放入鸡肝和莲子，用中小火烧烩几分钟，撇去浮沫，用水淀粉勾芡即可。

【营养功效】此菜养心安神、补血养肝。

小贴士
　　鸡肝配菠菜对治疗贫血有一定帮助。

鸡肝烩莲子

主料: 鸡肝200克，莲子75克。

辅料: 清汤、面粉、盐、淀粉、酱油、花椒水、味精、葱、姜、食用油各适量。

制作方法 ○ •

1. 土豆去皮，切块；鸡宰杀清洗干净，剁小块。

2. 炒锅内放食用油烧沸，下鸡块过油，捞出，接着放入土豆炸至金黄色倒入漏勺沥油。

3. 将油倒入炒锅中烧热，放入鸡块、炸土豆，烹入料酒，加酱油、盐、糖、葱，姜、清水煮沸，改小火焖至熟烂即可。

【营养功效】土豆有补益脾胃、补气养血、瘦身健体之功效。

小贴士
　　去皮后的土豆切成小块，在冷水中浸半小时以上，可使残存的龙葵素溶解在水中。

土豆焖鸡

主料: 鸡500克，土豆250克。

辅料: 葱、姜、盐、料酒、酱油、糖、食用油各适量。

山药香菇鸡

主料: 山药 300 克,鸡腿 500 克。
辅料: 胡萝卜、香菇、料酒、酱油、盐、糖各适量。

制作方法

1. 新鲜山药洗净,去皮,切厚片;胡萝卜去皮,切厚片;香菇泡软,去蒂;鸡腿洗净,剁小块,先氽烫过,去除血水后冲净。

2. 将鸡腿放锅内,加入所有调味料和 2 杯清水,放入香菇同煮,改小火,10 分钟后加入胡萝卜,放入山药煮熟,约 10 分钟,收至汤汁稍干即可盛出。

【营养功效】山药含有淀粉酶、多酚氧化酶等物质,有利于脾胃消化吸收。

小贴士

　　山药切片后需立即浸泡在盐水中,以防止氧化发黑。

百合丝瓜炒鸡

主料: 鸡胸肉 150 克,丝瓜 400 克,鲜百合 200 克。
辅料: 酱汁、料酒、盐、淀粉、香油、食用油、胡椒粉、蒜、葱各适量。

制作方法

1. 丝瓜去硬皮,洗净,切件,用少许盐、油略炒至软身,取出留用;鲜百合剥成瓣后洗净沥干待用;鸡胸肉略冲洗,抹干后切成薄片。

2. 锅内烧热油,爆香蒜蓉、葱片,放入鸡肉,加酱汁煸炒至九成熟。

3. 加入香油、胡椒粉、丝瓜及鲜百合炒匀,烹料酒、水淀粉勾芡即可。

【营养功效】此菜可清暑凉血,解毒通便。

小贴士

　　烹制丝瓜时应注意尽量保持清淡,油要少用,可用味精或胡椒粉提味,这样才能显出丝瓜香嫩爽口的特点。

姜汁热味鸡

制作方法

1. 将鸡肉斩成块。

2. 炒锅置大火上，放食用油烧至七成热，放入鸡块、姜末煸炒约2分钟，加盐、葱花稍煸炒后，加入酱油、肉汤。

3. 烧约5分钟入味后，加入剩下的葱花，用水淀粉勾芡，放醋，待收汁和匀即成。

【营养功效】高浓度的姜制品可以起到止痛的作用，能使关节炎患者减轻病痛。

小贴士

　　吃饭不香或饭量减少时吃上几片姜或者在菜放上一点嫩姜，都能增进食欲。

主料: 鸡900克。

辅料: 姜、葱、酱油、醋、盐、淀粉、肉汤、食用油各适量。

草菇煮土鸡

制作方法

1. 草菇去蒂洗净，土鸡切块，胡萝卜切片，姜切片，葱切段。

2. 炒锅放食用油，放入生姜片、葱段、土鸡块，炒至水干。

3. 加入清汤煮至汤鲜时，放入草菇、胡萝卜片、盐、味精，用中火煮10分钟，撒入胡椒粉，倒入汤碗内即成。

【营养功效】草菇营养丰富，所含的粗蛋白比香菇高出2倍。草菇能滋阴壮阳、护肝健胃、增强人体免疫力，是优良的食药兼用型营养保健品。

小贴士

　　草菇人人都可以食用。但应注意无论鲜品还是干品浸泡时间都不宜过长。

主料: 土鸡350克，草菇100克。

辅料: 胡萝卜、姜、葱、食用油、清汤、盐、味精、胡椒粉各适量。

辣子鸡

主料: 鸡900克。

辅料: 蒜、姜、葱、淀粉、盐、料酒、老抽、生抽、干辣椒、花椒、食用油各适量。

制作方法

1. 将鸡洗净斩块,以盐、生抽、料酒和少许淀粉拌匀,腌渍片刻。

2. 炒锅放食用油,爆香蒜、姜片、葱段、干辣椒和花椒,下鸡块,用大火翻炒至上色。

3. 加入老抽、生抽,翻炒片刻,入味即成。

【营养功效】鸡肉能温中补脾、益气养血、补肾益精、除心腹恶气。

小贴士

炸鸡前往鸡肉里撒盐,一定要撒足,如果炸鸡的时候再加盐,盐味是进不了鸡肉的。因为鸡肉的外壳已经被炸干,质地比较紧密,盐只能附着在鸡肉的表面,影响味道。

蒜香鸡

主料: 鸡1000克。

辅料: 蒜、姜、葱、猪油、料酒、淀粉、糖、盐、食用油各适量。

制作方法

1. 将鸡洗净,淀粉加水调制成水淀粉。

2. 炒锅放食用油烧至七成热,将鸡下锅炸至金黄色时捞出,把蒜瓣、盐、糖、葱结、姜片、料酒一起放在碗里拌匀,灌入鸡肚内。

3. 将鸡背向下,鸡脯向上,摆在盘内,上笼大火蒸至酥烂取出,去掉葱、姜、蒜,剁成块置于盘中。

4. 将蒸鸡的原汤倒入炒锅中,置大火上烧开,用水淀粉调稀勾薄芡,浇在鸡身上即成。

【营养功效】蒜香鸡属于补虚养身食疗药膳食谱之一,对改善体质十分有帮助。

小贴士

相传古埃及人在修金字塔的民工饮食中每天必加大蒜,用于增加力气,预防疾病。

制作方法

1. 鸡脯肉洗净切片，用盐、糖、柠檬汁、辣酱油调味腌 15 分钟左右，然后均匀地蘸上鸡蛋和吉士粉。

2. 炒锅放食用油，用中火将鸡脯煎熟，至两面呈金黄色。

3. 用适量的二汤、柠檬汁、吉士粉调味勾芡，淋在煎熟的鸡脯上即可。

【营养功效】柠檬含有丰富的维生素，具有清热解暑、开胃健脾、除腥味异味等功效。

小贴士

烹饪有膻腥味的食品时，将柠檬鲜片或柠檬汁在起锅前放入锅中，可去腥除腻。

柠檬鸡脯

主料: 鸡脯肉 500 克，柠檬 50 克。

辅料: 盐、糖、辣酱油、吉士粉、鸡蛋、二汤、食用油各适量。

制作方法

1. 韭黄切段；香菇切丝；鸡肉切成中丝，盛入碗中，加入鸡蛋清勾芡拌匀。用中火烧热炒锅，放食用油，烧至微沸，投入鸡丝过油至熟。

3. 锅内余油倒出，放食用油，加入姜丝、蒜泥、胡椒粉、盐、味精爆炒出香味，倒入香菇丝、韭黄、鸡丝，烹料酒，用水淀粉勾芡，最后淋香油即可。

【营养功效】韭黄的胡萝卜素含量比胡萝卜的还要高，并含有能杀菌消毒的抗生素。

小贴士

炒韭黄火候是关键，过火会发韧，火候不足则呛鼻，适中便爽脆。

韭黄鸡丝

主料: 鸡肉 200 克，韭黄 300 克。

辅料: 鸡蛋清、香菇、料酒、淀粉、食用油、胡椒粉、姜、蒜、盐、味精、香油各适量。

田七蒸鸡

主料: 母鸡600克, 田七20克。

辅料: 料酒、姜、葱、味精、盐各适量。

1. 母鸡洗净剁成小块装入盘中; 姜、葱洗净, 姜切片, 葱切段待用。

2. 将部分田七磨粉备用, 余下的田七上笼蒸软切成薄片, 码入盆中。

3. 鸡肉放在田七上, 撒上姜末、葱段, 注入清水适量, 加入料酒、盐, 上笼蒸约1小时, 出笼后拣去姜葱, 反扣在深碗中, 调入味精, 撒上田七粉即成。

【营养功效】 田七主要含的皂苷是人参的主要成分, 对增强体力、改善心肌氧代谢、提高动物缺氧的耐受力作用显著。

小贴士

田七以体重、质坚、表面光滑、断面灰绿色或黄绿色者为佳。

黄白烩鸡丁

主料: 鸡胸肉150克, 鲜山药、黄玉米各150克。

辅料: 鸡蛋清、面粉、葱、食用油、熟鸡油、鸡汤、盐、糖、淀粉各适量。

1. 鲜山药、黄玉米放沸水锅内煮熟, 捞出用清水过凉, 山药切粒, 玉米取粒。鸡胸肉切丁, 放碗里, 加入鸡蛋清、淀粉和面粉上浆抓匀, 放沸水锅内氽一下, 捞出。

2. 锅置火上, 放清水煮沸, 放入鲜山药粒和黄玉米粒煮3分钟, 捞出控净水分。

3. 炒锅放食用油烧热, 用葱末炝锅, 加上鸡汤、盐、糖煮沸, 倒入鸡丁、鲜山药粒和黄玉米粒烧烩几分钟, 用水淀粉勾芡, 淋上熟鸡油即可。

【营养功效】 鸡肉含蛋白质、脂肪、碳水化合物、钙、磷、铁、维生素等, 具有填精补髓、活血调经的功效。

小贴士

用西餐的叉子插入玉米粒和玉米心的缝隙中, 便可轻松取下玉米粒。

制作方法

1. 首乌、枸杞子、黑豆分别洗净。

2. 鸡脯肉洗净，切成丁。

3. 沙锅内加适量水，大火烧开，放入上述材料，小火煲至鸡脯肉熟烂，加盐调味即可。

【营养功效】此菜可减肥消脂，滋阴养颜。

小贴士

鸡肉与芹菜同食会伤人元气。因此，饮用本汤时，不宜食用芹菜。

首乌枸杞子鸡汤

主料：鸡脯肉 100 克。

辅料：首乌、枸杞子、黑豆、盐各适量。

制作方法

1. 鸡宰好，洗净，斩成块；蘑菇切粒；洋葱切大片。

2. 炒锅放食用油，将蒜爆香后捞起，下鸡块煎香呈金黄色。

3. 放入洋葱片和蘑菇粒炒香，加入鸡汤和椰奶煮开，焖至鸡块全熟，加盐、糖调味，上碟时撒上烘香的椰丝即可。

【营养功效】此菜有助于降脂降压，防治肿瘤。

小贴士

在煮蘑菇的时候，锅内放进几粒大米饭，如果大米饭变黑，说明那是毒蘑菇，不可食用。

椰汁烩鸡

主料：鸡 900 克，洋葱 150 克。

辅料：蘑菇、蒜、鸡汤、椰奶、椰丝、盐、糖、食用油各适量。

酱油嫩鸡

主料: 鸡900克。

辅料: 葱、姜、酱油、大料、桂皮、料酒、香油、糖、鸡清汤各适量。

1. 鸡斩去脚，抽去腿骨。炒锅置大火上，放入酱油、料酒、糖、桂皮、大料、葱结、姜块、鸡清汤煮沸。

2. 锅内放入鸡煮沸后翻身，用圆盘压住鸡身，端锅离火，闷约10分钟，再置中火上，将鸡翻身煮沸，用圆盘压住鸡身，把锅端离火口再闷5分钟。

3. 锅复置中火上煮沸，捞出鸡，按原鸡形斩块排列盘中，浇上酱油、香油即成。

【营养功效】 此菜可养身益气，补虚益肾。

小贴士

优质酱油应具有浓郁的酱香和酯香味，味道鲜美、醇厚、咸淡适口，无异味。

鸡煮干丝

主料: 鸡胸肉100克，火腿150克。

辅料: 豆腐干、香菜、高汤、姜、盐、胡椒粉各适量。

制作方法

1. 鸡胸肉切丝，火腿切丝，豆腐干片薄、切丝、汆烫，香菜切短段。

2. 锅内先放高汤，再放火腿丝和豆腐干丝同煮，接着放鸡丝、姜丝，加盐调味。

3. 煮约5分钟，撒香菜末及胡椒粉即可盛出。

【营养功效】 此菜温中，益气，补精添髓。

小贴士

鸡胸不要煮太熟，除要顺丝切外，还要最后放入，才能保持较鲜嫩的口感。

虫草炖鸡

制作方法

1. 将母鸡去毛、内脏，清洗干净、斩成大块。入沙锅中，加水煮沸后去浮沫。

2. 放入冬虫夏草，用小火炖至鸡肉烂熟，加盐即可。

【营养功效】此菜可益气温阳，补肾填精。

小贴士

此菜应吃肉喝汤，用于食疗可每日食用1次，连用3～4日。

主料：母鸡900克。

辅料：冬虫夏草、盐适量。

鸳鸯鸡片

制作方法

1. 番茄洗净切片；嫩丝瓜去皮洗净切片；菠菜择洗干净，汆水过冷，剁泥待用；香菜摘洗干净；姜剁成蓉。

2. 鸡脯肉去筋切片，用鸡蛋清、盐、味精、水淀粉浆好待用。

3. 炒锅中放食用油烧热，下入姜蓉、丝瓜片、盐炒至入味，加入菠菜泥、鸡汤、水淀粉勾芡，制成绿汁。另外起锅，加入姜蓉、番茄酱、番茄片、鸡汤稍煮，下水淀粉勾芡，制成红汁。

4. 锅中放食用油烧热，下鸡片滑炒，烹料酒出锅后分为两份，分别拌上绿汁和红汁即可。

【营养功效】菠菜富含B族维生素，常食能够防止口角炎、夜盲症等。

小贴士

鸡脯肉属于低脂食品，适宜减肥者食用。

主料：鸡脯肉400克，番茄300克，丝瓜200克，菠菜100克。

辅料：鸡蛋清、番茄酱、姜、淀粉、料酒、盐、味精、糖、食用油、鸡汤各适量。

菊花鸡肉汤

主料: 鸡 900 克, 菊花 60 克。

辅料: 葱、姜、盐、料酒、胡椒粉各适量。

制作方法

1. 菊花洗净, 装入药袋; 鸡杀好, 洗净, 切块。

2. 上述材料与姜、料酒一同放入沙煲内, 加水适量, 大火煮沸, 小火煲至鸡肉熟烂。

3. 取出药袋, 加葱、盐、胡椒粉调味即可。

【营养功效】此菜有助于减肥降脂, 平肝清热。

小贴士

外感风热多用黄菊花, 清肝明目多用白菊花。

雪冬山鸡

主料: 鸡 1000 克, 冬笋 200 克, 猪膘肉 50 克, 雪菜 100 克。

辅料: 酱油、猪油、糖、姜、料酒、葱、红椒、淀粉、盐各适量。

制作方法

1. 将鸡宰杀, 在脊背开刀, 除去内脏洗净, 切块。

2. 雪菜洗净切碎; 冬笋去壳、老根, 洗净后削切成薄滚刀块; 葱去根须, 洗净, 5 克切成末, 10 克切成段; 猪膘肉切片; 红椒切圈。

3. 炒锅置大火, 放入猪油 40 克, 烧至五成热, 下鸡块和猪膘肉片炒至鸡肉变色, 调入酱油、料酒、葱段、姜块、清水, 以大火煮沸, 转小火炖至七成熟, 加冬笋、雪菜、盐、糖, 烧至九成熟, 转大火烧至汤汁半收, 调入水淀粉勾芡, 加入猪油、葱末、红椒圈, 起锅即可。

【营养功效】雪菜具有醒脑提神、解除疲劳的作用。

小贴士

鸡配以雪菜、冬笋同烧, 可谓三冬密友, 锦上添花, 是传统的时令名肴。

制作方法

西瓜鸡

1. 将鸡敲断腿骨，斩断脊骨、颈骨，洗净；葱打结；姜切片；冬笋片氽熟。

2. 将鸡放入开水锅内，置在大火上，煮沸。将鸡取出洗净后放入原锅内，移在小火上，烧至八成熟取出，放入汤碗中。

3. 原汤锅加盐、料酒煮沸，倒入盛有鸡的汤碗中，放上葱结、姜片，用一个圆盘盖在碗上，上笼蒸至酥烂后取出。

4. 在蒸鸡的同时，用刀在西瓜上取出上部作瓜盖，挖去瓜瓤，放入沸水中烫至瓜皮变色放在大碗内，将鸡放入西瓜内，倒入原汤，将火腿、笋片、香菇片排放在鸡上，盖上西瓜盖，上笼蒸 5 分钟即成。

【营养功效】西瓜所含的糖和盐有助于利尿、消除肾脏炎症。

小贴士

脾胃虚寒、湿盛便溏者不宜食用西瓜。

主料: 鸡 1000 克，西瓜 2000 克，冬笋片 45 克，火腿、香菇片各 25 克。

辅料: 料酒、盐、姜、葱各适量。

制作方法

煨白汁鸡

1. 鸡肉剔去大骨，放入沸水锅中稍氽，去掉血水捞出，切块。土豆去皮洗净，削成蛋形，放油锅炸熟，捞出。

2. 沙锅放在小火上，倒入清汤、鸡肉，加入盐、味精、料酒，煨 1 小时至酥烂，加入过油土豆，再煨 10 分钟。

3. 将鸡肉和土豆放入扣碗，加入煨汁少许，上笼屉用大火蒸 15 分钟取出，将汤汁滗入沙锅，然后将鸡肉等扣入汤盘。

4. 炒锅加入油烧热，将锅端起，放入面粉迅速翻炒至熟，加入牛奶勾芡，再将沙锅中的全部煨汁倒入，调成白汁，煮沸，浇在鸡肉上即成。

【营养功效】牛奶是人体钙的最佳来源，而且钙磷比例非常适当。

小贴士

喝杯牛奶，可消除留在口中的大蒜味。

主料: 鸡肉 750 克，土豆 500 克。

辅料: 面粉、牛奶、食用油、料酒、盐、味精、清汤各适量。

清炖鸡酥

主料： 鸡 1500 克，五花肉 225 克。

辅料： 鸡清汤、葱、姜、火腿、香菇、料酒、熟鸡油、鸡蛋清、盐、水淀粉、鸡蛋各适量。

制作方法

1. 鸡杀好，去翅尖、脚爪、腿骨、肋骨、大翅骨，鸡皮朝下，轻轻排剁；葱洗净切末；姜去皮切末；火腿、香菇均切成小片；猪肉洗净剁碎，用葱、姜末、鸡蛋、盐拌匀，调成肉馅。

2. 鸡肉撒上淀粉，抹上鸡蛋清，加入肉馅搅至黏合，上笼以大火蒸 30 分钟，取出晾凉切块，加入盐、料酒、鸡清汤，上笼以大火蒸透取出。

3. 炒锅置于大火上，下鸡清汤、火腿、香菇煮至收汁，拣去葱、姜，调入水淀粉勾芡，淋上熟鸡油即可。

【营养功效】 五花肉含有较多脂肪，适量食用可让人丰体耐饥。

小贴士

五花肉位于猪的腹部，夹带着肌肉组织，肥瘦间隔，故称"五花肉"。

莲香脱骨鸡

主料： 母鸡 1250 克，莲子 150 克，熟火腿丁、香菇丁各 25 克。

辅料： 食用油、料酒、淀粉、葱、姜、盐、味精各适量。

制作方法

1. 将母鸡宰杀，煺毛，斩去脚爪，再整鸡出骨；莲子去心，取 50 克蒸酥。

2. 剩余莲子与香菇丁、熟火腿丁、盐拌匀填入鸡腹内，入口处用线缝合。将填好的鸡放在沸水锅中煮 3 分钟，取出洗净。

3. 将鸡背朝上置于品锅中，加入姜块、葱结和料酒，上蒸笼用大火蒸 2 小时。蒸好的鸡拆去缝合的线，鸡腹向上放在大腰盘中。汤汁滗出，待用。

4. 将炒锅置中火上，倒入原汁汤，加入盐、味精、料酒，放入蒸酥的莲子同烧，煮沸，用水淀粉勾薄芡，加食用油，浇在鸡身上即成。

【营养功效】 莲子所含的生物碱有降血压作用。

小贴士

莲子作为保健药膳食疗时，一般不弃莲子心。

制作方法

1. 将鸡洗净后，剔骨，剁成约2厘米见方的丁，加料酒、酱油、盐、葱段、姜片拌匀，腌渍入味；干辣椒洗净，去蒂、籽，切段。

2. 炒锅放食用油烧热，将鸡丁内葱姜去掉，滗去汁水，下锅炸至鸡丁微带黄色时捞起，沥干油。

3. 炒锅另放食用油烧热，放入干辣椒段、花椒炒出香味，待辣椒呈棕红色时，倒入鸡丁，加酱油、糖、料酒和清汤适量，中火收汁，待收干亮油，放入味精、香油，起锅。

【营养功效】花椒气味芳香，可除各种肉类的腥膻臭气，能促进唾液分泌，增加食欲。

小贴士

辣椒营养价值很高，堪称"蔬菜之冠"。

花椒鸡丁

主料：鸡 1000 克。

辅料：食用油、干辣椒、花椒、料酒、酱油、糖、清汤、葱、姜、盐、味精、香油各适量。

制作方法

1. 鸡肉洗净切块，用调味料拌匀；菠萝切片；洋葱切丝；青椒、红椒切件。

2. 炒锅内放食用油烧至七成热，放入鸡块汆油至熟，捞出。

3. 菠萝片用一汤匙热油与葡萄干、青椒、红椒、洋葱同炒，放入鸡块，倒入菠萝汁、料酒，加盖，用小火煮约10分钟至鸡熟，用水淀粉勾芡即成。

【营养功效】菠萝具有清热止渴、消食止泻之功效。

小贴士

菠萝不可多食，尤其是菠萝过敏者更应注意，胃溃疡、肾脏病、血凝机制不健全者忌食，发烧及患有湿疹疥疮者不宜多吃。

水果鸡

主料：带骨鸡肉 500 克。

辅料：葡萄干、洋葱、菠萝、青椒、红椒、老抽、菠萝汁、料酒、糖、盐、淀粉、胡椒粉、食用油各适量。

碎米鸡丁

主料： 鸡胸肉 200 克，炸花生米 50 克，色心菜 200 克。

辅料： 辣椒、豆瓣辣酱、盐、味精、食用油各适量。

制作方法

1. 将鸡肉斜成片，用刀背来回拍松，再切成丁；包心菜去菜上硬梗，切成 1 厘米见方片；炸花生米去皮，捏碎成粒；辣椒洗净，切成碎末。

2. 油入锅烧热，肉丁、色心菜入油略炸，见肉变色即捞起沥油。

3. 锅中留食用油，炒香辣豆瓣酱，放入肉丁、菜丁同炒，加入花生米、辣椒末、味精、盐翻炒均匀，盛盘修饰即可。

【营养功效】花生具有润肺、和胃、补脾之效。

小贴士

对于肠胃虚弱者，花生不宜与黄瓜、螃蟹同食，否则易导致腹泻。

木耳拌鸡片

主料： 鸡片200克，水发木耳150克。

辅料： 红椒、柠檬汁、姜汁、食用油、盐和醋各适量。

制作方法

1. 将鸡片洗净，灼熟后浸冰水至冰透；红椒洗净切片。

2. 木耳洗净，撕开，用开水煮熟后放入冰水中冰透。

3. 把鸡片、木耳和红椒放入容器内，倒入醋、盐、食用油、柠檬汁和姜汁，拌匀即成。

【营养功效】柠檬汁具有较强的杀菌作用。

小贴士

优质木耳表面黑而光润，有一面呈灰色，手摸上去感觉干燥，无颗粒感，嘴尝无异味。

卤鸭掌翅

制作方法

1. 鸭翅、鸭掌滤清水；丁香、花椒、桂皮、大料、小茴香、草果及陈皮，用沙布缝袋纳入，扎结袋口，放入锅中，注入水煲出味道。

2. 炒锅内放适量食用油，油沸时将鸭翅和鸭掌放入，用大火爆至微黄色。

3. 将鸭掌和鸭翅倒入卤水锅中，并将锅放回炉火上，加入盐、糖、白酒、酱油，加盖煮20～30分钟，滤清卤汁即可。

【营养功效】此菜养胃、补肾、除痨热。

小贴士

烹制鸭掌和鸭翅时应注意掌握火候。

主料： 鸭掌 600 克，鸭翅 600 克。

辅料： 丁香、花椒、桂皮、大料、小茴香、草果、白酒、陈皮、盐、糖、酱油、食用油各适量。

熟地水鸭汤

制作方法

1. 水鸭杀好洗净，瘦肉洗净切块待用。

2. 将水鸭、瘦肉连同药材一起放入瓦煲中，加清水适量，煮约 4 小时。

3. 加盐调味即成。

【营养功效】此菜可消暑清热，解皮肤湿毒。

主料： 水鸭 500 克，瘦肉 100 克。

辅料： 金银花，生、熟地黄，盐各适量。

小贴士

水鸭味甘，对病后虚弱、食欲不振有很好的食疗功效。

西洋参水鸭汤

主料: 水鸭500克,西洋参20克。
辅料: 葱、姜、盐各适量。

制作方法

1. 西洋参洗净切片;水鸭去毛,剖开,切块。

2. 锅内放水,放入水鸭煮沸,捞起。

3. 全部材料一同放入炖盅,加姜片,加水,隔水炖2小时,加盐调味即可。

【营养功效】此菜可滋阴补气,补血利水,清热养胃。

小贴士

在煲汤前去掉鸭皮,可防止汤品含油过多,口感发腻。

姜丝酸菜鸭

主料: 鸭肉600克,酸菜200克。
辅料: 盐、葱、姜、味精、料酒各适量。

制作方法

1. 鸭肉切小块,酸菜切丝,葱切段,姜切丝。

2. 锅内先放入鸭块、酸菜、姜丝、葱段、盐、料酒、味精,再注入适量热水,大火煮20分钟即可。

【营养功效】此菜可增进食欲,促进消化。

小贴士

酸白菜只能偶尔食用,如果长期贪食,则可能引起泌尿系统结石。

芥末鸭掌

制作方法

1. 原锅洗净，放入鸭掌、料酒、葱、姜、味精和清水煮至八成熟，取出稍凉，拆净大小骨头，一切两块，整齐地装在盆中。

2. 芥末粉调匀，加入醋、糖、盐、味精、食用油拌匀，加盖30分钟后，浇在鸭掌面上即可。

【营养功效】此菜可清热养胃，美容养颜。

小贴士

芥末粉或芥末酱以色正味冲、无杂质者为佳品。

主料： 鸭掌500克。

辅料： 芥末粉、料酒、葱、姜、盐、味精、白醋、糖、食用油各适量。

三鲜鸭掌

制作方法

1. 鸭掌修整齐，用开水氽一下捞出，用凉水漂过；火腿切成长方形的片；口蘑氽水切成片；豌豆苗洗净，用开水氽熟，捞入凉水中浸泡；葱切成段；姜切成片。

2. 将锅置大火上，放入食用油，下葱、姜煸炒几下，随即加入汤、鸭掌、火腿、口蘑、豌豆苗、盐、酱油、料酒、胡椒粉、味精烧入味。

3. 拣去姜、葱不用，用水淀粉勾芡，淋上鸡油即可。

【营养功效】含微量元素硒的口蘑是良好的补硒食品。

小贴士

常吃此菜可美容养颜。

主料： 鸭掌300克，火腿50克，口蘑50克，豌豆苗150克。

辅料： 食用油、盐、酱油、料酒、味精、胡椒粉、汤、葱、姜、鸡油、淀粉各适量。

黑椒鸭心

主料: 鸭心 150 克。

辅料: 姜、黑胡椒粒、盐、味精、料酒、烧烤汁各适量。

制作方法

1. 鸭心中间起十字刀纹。

2. 将切好的鸭心用姜丝、黑胡椒粒、盐、味精、料酒腌渍入味。

3. 将鸭心穿好，用中火烤 7~10 分钟，擦上烧烤汁即可。

【营养功效】鸭心中含有丰富的锌、硒和 B 族维生素，也含有大量胆固醇。

小贴士

吃鸭心的时候拌些姜丝，味道更好。

鸭肉冬粉

主料: 鸭肉 400 克，粉丝 100 克，板栗 50 克，枸杞子 30 克，芹菜 50 克。

辅料: 料酒、盐、香油、味精、姜各适量。

制作方法

1. 将鸭肉剁成块状，用沸水煮一遍倒掉洗净；板栗、枸杞子、粉丝均冲洗；芹菜洗净切末。

2. 鸭肉放入锅中加入姜丝、料酒、板栗、水炖煮 50 分钟，再放枸杞子、盐、味精。

3. 放入粉丝，煮至粉丝变软即熄火，淋香油，撒芹菜末即可食用。

【营养功效】板栗含有不饱和脂肪酸和多种维生素。

小贴士

粉丝不宜煮烫太久。

烤鸭酸菜汤

制作方法

1. 烤鸭肉切成粗丝；酸白菜洗去部分盐分；黄瓜切成粗丝；鸡腿菇洗净，入沸水锅内汆断生后切丝；姜切片；葱白切段。

2. 炒锅加食用油烧至五成热，放入酸白菜丝略炒起锅。

3. 锅置火上，加入鸡清汤、姜片、葱白段煮沸，除去料渣，加入酸白菜丝、黄瓜丝、鸡腿菇丝、盐、胡椒粉、料酒、烤鸭丝、鸡精煮入味，放红油即可。

【营养功效】鸡腿菇集营养、保健、食疗于一身，具有高蛋白、低脂肪的特性。

小贴士

　　本菜须事先准备好烤鸭，可从商店选购，也可自行烤制。

主料： 烤鸭 200 克，酸白菜 100 克，黄瓜 60 克，鸡腿蘑 60 克。

辅料： 鸡清汤、食用油、盐、胡椒粉、鸡精、红油、姜、葱、料酒各适量。

糖醋煮鸭块

制作方法

1. 鸭块先用盐水拌匀，再用水淀粉、蛋清拌匀，然后拍上干粉。

2. 把食用油烧至 130℃，下鸭块炸至呈金黄色，捞起，再大火烧油，下鸭块炸至身脆，捞起。

3. 倒去油，放入辣椒、葱段、蒜蓉、糖、醋，待烧至微沸，加入水淀粉、香油和鸭块炒匀即可。

【营养功效】鸡蛋含蛋白质、人体必需的8种氨基酸。其蛋白质与人体蛋白的组成极为近似，人体对其吸收率较高。

小贴士

　　本品有油炸过程，需备食用油约 250毫升。

主料： 鸭 500 克，青辣椒 50 克，鸡蛋 1 个，淀粉 165 克。

辅料： 食用油、葱、蒜、糖、醋、香油、盐、干粉各适量。

果香烤鸭腿

主料： 鸭腿 500 克，苹果 500 克，土豆 100 克，莲子酱 50 克，蜂蜜 30 毫升。

辅料： 饴糖、葱、姜、盐、糖、料酒、酱油、水果醋、花椒粉、黄油各适量。

制作方法

1. 将葱段、姜片、盐、糖、酱油、料酒、鸭腿放入锅中煮到六成熟，鸭腿加花椒粉腌渍 10 分钟。

2. 苹果、土豆切片，铺好锡纸，放上黄油，再将腌渍好的鸭腿摆入烤盘中，放进烤箱以 180℃烤 10 分钟。

3. 将鸭腿翻面，刷上调稀的饴糖和水果醋，再进烤箱烤 8 分钟，用莲子酱和蜂蜜调蘸酱汁，取出鸭腿即可。

【营养功效】苹果含果糖、葡萄糖、蔗糖，还含有微量元素、维生素 B_1、维生素 B_2、维生素 C 和胡萝卜素等。

小贴士

将苹果换成菠萝，也是道美味佳肴。

家乡炒鸭肠

主料： 鸭肠 150 克，丝瓜 100 克，洋葱 50 克，木耳 40 克。

辅料： 蒜、姜、葱、苏打粉、料酒、盐、味精、食用油、老抽、香油、淀粉、胡椒粉各适量。

制作方法

1. 将鸭肠刮洗干净，用苏打粉腌约 20 分钟切成长段，把老抽、胡椒粉、水淀粉调成芡汁；洋葱、丝瓜切片；木耳泡发去蒂。

2. 煮沸水锅，投入鸭肠稍氽即捞起，中火烧热炒锅，下油烧至微沸，放蒜蓉、姜葱爆香，加入洋葱、丝瓜、木耳炒熟。

3. 倒入鸭肠，放盐、味精，烹料酒拌炒，再用芡汁勾芡，淋香油炒匀上碟即可。

【营养功效】丝瓜含有多种营养元素，其中有能防止皮肤老化的 B 族维生素、可以增白皮肤的维生素 C 等。

小贴士

此菜为乡土菜式，属于粗料精制。

制作方法

1. 将鸭肫切成花状。

2. 将切好的鸭肫用盐、糖、汤、味精、鸡精、料酒、十三香腌渍入味。

3. 鸭肫上涂上烧烤汁，用竹签穿好，置于炉上烤5～7分钟即可。

【营养功效】此菜可补血益气。

小贴士

　　禽畜内脏胆固醇很高，应少吃。

十三香鸭肫

主料：鸭肫100克。

辅料：盐、汤、糖、味精、鸡精、料酒、十三香、烧烤汁适量。

制作方法 ○·

1. 鸭洗净切块，加盐、料酒、胡椒粉腌渍15分钟，蘸上酱油入油锅炸至棕红，捞出沥干；香菇切小块；青豆、香菜洗净。

2. 热油锅爆香葱、姜，下香菇、青豆煸炒至香，加盐、鸡精煮沸装盘，放入鸭块、啤酒移至蒸锅以大火蒸熟。

3. 拣去葱、姜，汤汁回锅下淀粉勾芡，浇在鸭块上，淋上香油，撒上香菜即可。

【营养功效】鸭肉中含有较为丰富的烟酸，它是构成人体内两种重要辅酶的成分之一。

小贴士

　　除了啤酒之外不必再加水，以免水分过多影响风味。

啤酒蒸鸭

主料：鸭800克，水发香菇、青豆各30克。

辅料：啤酒、姜、葱、香菜、盐、料酒、胡椒粉、淀粉、酱油、香油、鸡精、汤汁、食用油各适量。

葱油蒸鸭

主料: 鸭 600 克。

辅料: 食用油、葱、醋、花椒、盐、味精、米粉各适量。

制作方法

1. 将一些葱打结,其余切成葱白段;将鸭斩块,将米粉均匀地抹在鸭块上,然后放入七成热的油锅中炸至外皮起小泡时捞出。

2. 原锅加水、醋、花椒、盐、味精和鸭块煮沸撇去浮沫,盖上盖,用小火焖烧约 5 分钟,取出放碟内,放入葱结,再上笼蒸至鸭酥烂时取出,拣去葱结。

3. 炒锅下油烧至五成热时下葱白段,炸至葱呈金黄色时,连油带葱浇在鸭块上即可。

【营养功效】鸭肉是含 B 族维生素和维生素 E 比较多的肉类。

小贴士

此菜先炸,再煮,然后蒸,但关键还是蒸透蒸烂。

淡菜蒸鸭块

主料: 鸭 800 克,小白菜 500 克。

辅料: 淡菜、汤、料酒、盐、味精、胡椒粉、葱、姜各适量。

制作方法

1. 淡菜用温水泡涨发软洗净,葱白切段,余下葱和姜拍破,小白菜用开水汆过。

2. 鸭洗净,剁成方块,下入开水锅中汆过捞出,摆入汤盘内,加入淡菜、葱、姜、料酒、盐和水,上笼蒸烂。

3. 锅内放入汤、小白菜和盐,烧开汆过捞出,同时取出淡菜鸭块,挑去葱、姜,加入味精、胡椒粉、葱白、小白菜即可。

【营养功效】鸭肉有养胃生津、止咳止惊、清热健脾的作用。

小贴士

淡菜能补虚养肾,但是要常食用才能见效。

家烧嫩鸭

制作方法

1. 将鸭切成四大块，用料酒、盐、五香粉、蒜蓉、糖拌匀，均匀地抹在鸭肉上腌入味。

2. 将鸭块上锅蒸熟，取出鸭皮朝上码在盘中，锅内添水，加麦芽糖、白醋烧开，浇在鸭肉上腌6小时。

3. 炒锅注油烧至七成热，放入鸭块炸至金黄色，取出晾凉，改刀装碗，炒锅放入剩余调料烧开，浇在鸭肉上即可。

【营养功效】鸭肉富含蛋白质、脂肪、泛酸、维生素A等。

小贴士

　　鸭肉需用油炸，应备食用油500毫升。

主料： 鸭500克。

辅料： 食用油、白醋、料酒、老抽、糖、麦芽糖、五香粉、盐、味精、大料、桂皮、蒜、白皮、葱、姜各适量。

天麻老鸭汤

制作方法

1. 将老鸭切块后氽水捞出，并洗干净待用。冬笋剥皮后在沸水中煮3分钟捞出，去老根，切薄片。

2. 锅中入水，放入鸭块、笋片、天麻片和姜片，小火炖煮3小时，用盐调味即可。

【营养功效】本菜含有丰富的蛋白质、维生素及纤维。

小贴士

　　老鸭氽过水后再洗干净，炖出的汤才会清。

主料： 老鸭750克，冬笋250克。

辅料： 天麻片、盐、姜各适量。

芡实煮老鸭

主料: 老鸭 500 克,芡实 200 克。

辅料: 葱、姜、盐、料酒、味精各适量。

制作方法

1. 将老鸭宰杀后,去毛和内脏,洗净血水,将芡实洗净放入鸭腹内。

2. 将鸭放入锅内,加水适量,大火煮沸,放入葱、生姜、料酒,改用小火炖约 2 小时,至鸭肉炖烂。

3. 加盐、味精调味即可。

【营养功效】此菜益脾养胃,健脾利水,固肾涩精。

小贴士

鸭肉与芡实搭配同食,具有补肾健脾、滋补阴阳的功效。

椰子银耳煲老鸭

主料: 老鸭 1000 克,椰子 500 克。

辅料: 银耳、红枣、姜、盐各适量。

制作方法

1. 椰子去皮,取椰子水和椰子肉;将老鸭宰杀洗净,氽烫后备用。

2. 将银耳泡水 15 分钟,洗净去蒂备用。

3. 将老鸭放入锅中,加热水适量,大火煮沸,改中火续煮 45 分钟,放入椰子肉、银耳、红枣、姜片一起煮 45 分钟,加盐调味即可。

【营养功效】椰肉有补充机体营养、美容、防治皮肤病的作用。

小贴士

银耳,也叫白木耳、雪耳,有"菌中之冠"的美称。

黄流老鸭

制作方法

1. 将活鸭割颈放血，热水脱毛，切开下腹，取出内脏，清水洗净晾干。

2. 大火烧水，加盐、姜、蒜，水温至90℃时，将鸭入水中烫过，然后小火浸煮，水温保持微沸而不太滚，至鸭将熟时放入蒜蓉、姜蓉、酸橘汁、糖、辣椒酱，熟后捞出，待自然冷却后切块装盘即可。

【营养功效】鸭肉中所含的B族维生素和维生素E较其他肉类多。

小贴士

此菜为海南名菜，源于海南乐东黄流镇，因而称为黄流老鸭。

主料： 鸭1000克。

辅料： 酸橘汁、姜、蒜头、糖、辣椒酱、盐各适量。

清蒸炉鸭

制作方法

1. 将烤鸭剁成方块，码入大碗内。

2. 烤鸭加入开水上锅稍蒸，倒出汤水，加入料酒、盐、葱段、姜片，上锅蒸透后，扣在大盖碗内，汤汁倒入锅中。

3. 锅上火，撇去浮沫，放味精，淋入香油，浇在鸭肉上即成。

【营养功效】鸭肉中含有较为丰富的烟酸，它是构成人体内两种重要辅酶的成分之一，对心肌梗塞等心脏疾病患者有保护作用。

小贴士

秋季适宜制作烤鸭。

主料： 烤鸭800克。

辅料： 料酒、味精、葱、香油、姜、盐各适量。

莲子冬瓜老鸭汤

主料： 老鸭 1200 克，冬瓜 1000 克。

辅料： 莲子、陈皮、荷叶、盐各适量。

制作方法

1. 将冬瓜刨皮、去核后洗净，浸陈皮，待用；洗净老鸭、莲子、荷叶，待用。

2. 将以上材料放入汤煲内，加入适量清水，小火煲 2 小时。

3. 加盐调味即可食用。

【营养功效】此菜可清热解暑，利尿祛湿，健脾开胃，滋养润颜。

小贴士

冬瓜是比较理想的解热利尿食物，连皮一起煮汤，效果更明显。

冬瓜鸭卷

主料： 烤鸭脯肉 400 克，冬瓜 500 克。

辅料： 红油、葱、食用油、豆豉、姜、蒜、醋、高汤、盐、胡椒粉、蛋清、淀粉、蚝油各适量。

制作方法

1. 将烤鸭脯肉切成条；冬瓜片成薄片，加盐拌匀；姜、葱白切片；蒜切粒。

2. 取冬瓜片放在砧板上铺平，放上熟鸭条卷成卷，接口处抹上蛋清、淀粉粘住，摆入蒸碗内，加入胡椒粉、高汤、盐，入笼用大火蒸熟取出。

3. 炒锅烧油至五成热，放入姜片、蒜粒、豆豉炒香，滗入冬瓜鸭卷原汁加水淀粉勾芡，放醋、葱白片、红油、蚝油推匀，将冬瓜鸭卷扣入盘中，浇上芡汁即成。

【营养功效】冬瓜含维生素 C 较多，钾盐含量高，钠盐含量较低。

小贴士

可根据个人喜好增减食材。

锅烧鸭块

制作方法

1. 鸭肉洗净,加盐、料酒、大料、花椒、葱、姜、桂皮,上笼蒸熟,取出晾凉,切成长条块;淀粉加水调成水淀粉。

2. 碗内放入蛋黄、水淀粉、面粉及适量清水,搅成较浓的蛋粉糊。

3. 炒锅内放食用油烧至七成热,将鸭块逐块从蛋粉糊中拖过,下入油锅中炸成金黄色捞出,带椒盐即可。

【营养功效】蛋黄中含丰富的营养素,其含有的矿物质以铁、硫、磷为最多。

小贴士

因有过油炸制过程,需备足食用油。

主料: 鸭肉 200 克,鸡蛋黄 70 克。

辅料: 食用油、淀粉、面粉、盐、料酒、大料、花椒、椒盐、葱、姜、桂皮各适量。

香菇烧鸭肫

制作方法

1. 鲜鸭肫洗净,切花刀,放入高压锅压熟取出;香菇加水、盐、葱、姜,上笼蒸熟,改刀备用。

2. 锅内放入葱油、鲜汤、鸭肫、香菇、味精、青椒、干辣椒块、蚝油同烧。

3. 待香菇入味时,放入水淀粉勾芡推匀,装盘即成。

【营养功效】香菇含蛋白质、脂肪、粗纤维、维生素 B_1、维生素 B_2、维生素 C、烟酸、钙、磷、铁等成分。

小贴士

鸭肫和香菇不能烧得太熟烂。

主料: 鸭肫 350 克,香菇 150 克。

辅料: 青椒、干辣椒、葱油、姜、鲜汤、葱、味精、盐、蚝油、淀粉各适量。

豆泡鸭块

主料: 鸭 500 克, 油豆腐 100 克。

辅料: 葱、姜、酱油、糖、料酒、大料各适量。

制作方法

1. 鸭洗净, 切块, 放入沸水中氽烫去血水, 捞出沥干; 葱洗净, 切段; 姜去皮, 切片; 油豆腐洗净备用。

2. 锅中倒入水, 放入鸭块、葱段、姜片及酱油、糖、料酒、大料煮开, 转小火煮至鸭肉接近熟烂。

3. 加油豆腐煮至入味, 盛入碗中即可。

【营养功效】鸭肉具有大补虚劳、清肺解热、滋阴补血、解毒、消除水肿之功效。

小贴士

鸭肉性凉, 素体虚寒、胃部冷痛、腹泻便溏、腰部疼痛及寒性痛经者慎食。

鸭掌海参煲

主料: 鸭掌 750 克, 海参 640 克。

辅料: 蚝油、姜、葱、蒜、烧酒、盐、糖、味精各适量。

制作方法

1. 浸发好的海参在清水中清洗干净。

2. 用姜、葱起锅, 加点烧酒, 倒入两汤碗清水, 放入海参煨煮 20 分钟, 取出, 切件待用。

3. 鸭掌用清水泡过, 锅中放入姜、蒜爆香, 加清水, 放入海参、鸭掌、蚝油、味精、盐、糖等同煲至熟即可。

【营养功效】海参又名刺参、海鼠、海瓜, 是典型的高蛋白、低脂肪食物, 滋味腴美、风味高雅, 是久负盛名的名馔佳肴。

小贴士

海参种类繁多, 其中的梅花参和刺参为最名贵的品种。

烧鸭掌包

制作方法

1. 鸭掌放水中煮5分钟，撕去黄皮；鸭肠用盐擦洗；猪肉放入沸水中煮片刻，切成块；叉烧及卤猪肝切成块。

2. 将豆豉、芝麻酱、盐、花椒粉放入大碗内拌匀，放入鸭肠、猪肉、叉烧、猪肝腌约10分钟。

3. 把腌好的猪肉、叉烧、猪肝，放在鸭掌中，用鸭肠包卷扎紧，肠口放入肉块中，放入已烧热的炉中，以400℃高温烧约20分钟取出，涂上麦芽糖即可。

【营养功效】猪肉含有丰富的优质蛋白、脂肪、维生素等，易消化。

小贴士

　　鸭肠对神经系统、心脏、消化系统等都有良好的保健作用。

主料: 鸭掌200克，猪肉200克，叉烧200克，鸭肠150克。

辅料: 卤猪肝、麦芽糖、豆豉、芝麻酱、盐、花椒粉各适量。

松仁烩鸭片

制作方法

1. 将鸭胸肉切成大片，放在盘内，加入盐和料酒拌匀备用；枸杞子用温水泡软，洗净备用；松仁放锅内煸炒至熟，取出备用。

2. 炒锅置火上，放食用油烧热，放入鸭肉片滑散至熟，捞出待用。

3. 炒锅置大火上，放食用油烧至六成热，用葱姜末炝锅，放入鸡汤煮沸，加入枸杞子、鸭肉片、盐、料酒和胡椒粉，再沸后用水淀粉勾芡，撒上松仁即成。

【营养功效】枸杞子有补气强精、滋补肝肾、抗衰老的功效。

小贴士

　　枸杞子一年四季皆可服用，冬季宜煮粥，夏季宜泡茶。

主料: 鸭胸肉200克。

辅料: 鸡汤、枸杞子、松仁、葱、姜、食用油、盐、料酒、胡椒粉、水淀粉各适量。

鸭羹汤

主料: 鸭脯肉 200 克,马蹄 100 克,火腿 50 克。

辅料: 松子仁、木耳、盐、味精、鸡清汤、食用油各适量。

制作方法

1. 汤锅里烧开水,将鸭脯肉切成丁,同松子仁放汤锅内,火腿、马蹄切成丁,黑木耳切成小片。

2. 汤锅置火上,放入鸡清汤,将马蹄、木耳倒入略煮,放入火腿、盐、味精煮沸,撇去浮沫。

3. 加熟油起锅,倒入鸭脯汤即成。

【营养功效】松仁富含脂肪油,能润肠、通便、缓泻而不伤正气,对老人体虚便秘、小儿津亏便秘有一定的食疗作用。

小贴士

为使此菜口感更好,需备鸡清汤适量,如果没有鸡清汤可用清水代替。

香芋蒸鹅

主料: 鹅肉 600 克,香芋 250 克。

辅料: 米粉、青蒜、姜、食用油、生抽、鸡精、蚝油各适量。

制作方法

1. 将香芋切块,用油爆香备用;鹅肉切块;青蒜、姜片放入锅内爆香,铲起放入碗内加生抽、鸡精、蚝油调味成汁底。

2. 将鹅肉放入锅氽水,将生抽涂鹅肉上,再裹上一层米粉,入油锅中将鹅肉煎至金黄色。

3. 将香芋放在钵内,将鹅肉放在香芋上,淋上汁底,入锅蒸 1.5 小时左右即可。

【营养功效】鹅肉对治疗肺气肿、哮喘痰壅有帮助,特别适合在冬季进补。

小贴士

生芋有轻微毒性,食时必须熟透。生芋汁易引起局部皮肤过敏,可用姜汁擦拭以解之。

翡翠鹅肉卷

制作方法

1. 鹅肉洗净血水，剁成糜，加盐、味精、胡椒粉、香油、小葱花、姜末、蛋清搅打上劲。白菜去帮留叶，洗净余水。

2. 将调好的鹅肉糜包入白菜内，入笼蒸30分钟取出。

3. 锅置火上，放入鸡汤，加盐、味精、胡椒粉、香油调味，用水淀粉勾薄芡，浇在蒸好的白菜卷上即可。

【营养功效】鹅肉含蛋白质、脂肪、维生素A、B族维生素、糖，还富含人体必需的微量元素。

小贴士

鹅肉脂肪含量很低。

主料： 鹅肉400克，大白菜200克。
辅料： 盐、姜、味精、香油、胡椒粉、葱、蛋清、鸡汤、水淀粉各适量。

黄芪山药煲鹅肉

制作方法

1. 把鹅肉洗净，将黄芪、党参、山药、红枣洗净，与鹅肉一起放入沙锅中，加清水适量，用大火煮沸。

2. 转用小火慢炖至鹅肉熟烂，加入味精、盐、料酒调味，去掉药材渣即成。

【营养功效】山药具有滋补作用，为病后康复食补之佳品。

小贴士

山药、黄芪、党参、红枣可用纱布包好，浸水后放入沙锅中。

主料： 鹅肉1000克，山药100克，黄芪30克，党参15克，红枣30克。
辅料： 盐、味精、料酒各适量。

圆笼粉蒸鹅

主料: 鹅肉 600 克, 荷叶 50 克。

辅料: 米粉、葱、蚝油、鸡精、甜面酱、香辣酱、香油、胡椒粉、花椒、食用油各适量。

制作方法

1. 将鹅肉切成片, 放入清水中泡去血水, 加蚝油、鸡精、甜面酱、香辣酱、香油、胡椒粉抓匀, 腌 5 分钟, 再两面蘸匀米粉。

2. 将荷叶修整齐后, 入沸水中氽过, 捞出铺在小笼中间。食用油烧热, 放入花椒炸出花椒油。

3. 将鹅肉片整齐地放在小笼的荷叶上, 用大火蒸熟, 撒上葱末, 浇上花椒油即可。

【营养功效】此菜对治疗感冒和急慢性气管炎有辅助疗效。

小贴士

　　鹅肉每餐食用约 100 克, 不宜过量食用, 食多不易消化。

丁香鹅肫

主料: 鹅肫 100 克。

辅料: 丁香、盐、糖、味精、料酒各适量。

制作方法

1. 鹅肫洗净切片, 用盐、糖、味精、料酒腌渍片刻, 用竹签穿好待用。

2. 将鹅肫串置于炉上, 用中火烤 3~4 分钟, 撒上丁香即可。

【营养功效】丁香有健胃和止痛的作用。

小贴士

　　高血压、高血脂、动脉硬化患者忌食鹅肉。

制作方法

1. 鹅翅用盐、料酒、花椒、丁香腌制一段时间，放入开水锅汆水，捞出洗净。

2. 炒锅烧油至六成热，下鹅翅炸至呈金黄色时，捞出沥油。

3. 葱段、姜片下锅略煸，放入鹅翅、酱油、糖、卤汁、丁香，大火烧开，小火烧煮，待鹅翅全部上色入味，淋香油，出锅冷却即可。

【营养功效】鹅肉含有人体生长发育所必需的氨基酸。

小贴士

久煮之后的鹅肉更加入味香美。

香卤鹅翅

主料：鹅翅750克，卤汁1000毫升。

辅料：食用油、丁香、葱、姜、酱油、盐、糖、香油、花椒、料酒各适量。

制作方法

1. 将带骨鹅肉剁成块，放入沸水锅中汆透；宽粉条切成段；香菜切段。

2. 锅内放入食用油烧热，放入鹅肉块煸炒，再放葱段、姜片炒出香味，入高汤，加酱油、料酒、盐、大料、花椒，盖上锅盖，用大火烧开，用小火保持煮沸。

3. 翻动鹅肉块，半熟后放入宽粉条段，大火烧开，反复用小火数次，鹅肉块和宽粉条段都熟烂后放入味精和香菜，淋上香油即可。

【营养功效】粉条富含碳水化合物、膳食纤维、蛋白质、烟酸、钙、镁、铁、钾、磷、钠等。

小贴士

温热内蕴者忌食鹅肉。

鹅肉炖宽粉

主料：鹅肉500克，宽粉条250克。

辅料：高汤、香油、香菜、食用油、酱油、盐、葱、姜、味精、料酒、大料、花椒各适量。

梅子甌鹅

主料： 鹅肉 2500 克，乌梅 200 克。

辅料： 糖、盐、白醋、淀粉、酱油各适量。

制作方法

1. 把乌梅去核压烂后和糖、盐、白醋等拌匀，灌入鹅腹内用竹签封固，鹅入锅煮熟。

2. 鹅起锅后，在鹅身抹上酱油，把鹅腹内梅汁倒出，鹅斩件按原鹅造型摆碟上，将梅汁入锅用水淀粉勾芡，另用小碗盛芡，跟鹅上席时蘸食。

【营养功效】鹅肉不仅脂肪含量低，而且品质好，不饱和脂肪酸的含量高，特别是亚麻酸含量较高，对人体健康有利。

小贴士

乌梅对慢性非特异性结肠炎有一定疗效。

豆瓣鹅肠

主料： 鹅肠 250 克，绿豆芽 50 克。

辅料： 豆瓣酱、食用油、葱、姜、料酒、蒜、盐、醋、味精、辣椒油各适量。

制作方法

1. 将鹅肠用盐、醋揉匀洗净，划开，切段。

2. 锅加入清水、姜片、葱段、料酒煮开，下入鹅肠汆水捞出，沥水摆入盘中；绿豆芽汆水，捞出沥水垫底。

3. 豆瓣酱、油、蒜蓉、味精、鹅肠一起拌匀，倒在绿豆芽上，淋上辣椒油，撒上葱花即可。

【营养功效】豆瓣酱是用蚕豆、辣椒、香料、盐等酿制而成的，含有调节大脑和神经组织的重要成分。

小贴士

煮鹅肠的时间不宜太长，断生即可，以免过老，影响口感。

豆花冒鹅肠

1. 鹅肠洗净切段，芹菜洗净切碎备用。

2. 锅内放入食用油烧热，下辣椒酱炒出香味，加入鲜汤、盐、味精、豆腐脑，煮至豆花入味后装盘。

3. 滚汤中放入鹅肠，煮至八成熟时捞出，盛于豆花上，浇上原汤，撒上芹菜末即可。

【营养功效】鹅肠具有益气补虚、温中散血、行气解毒的功效。

小贴士

挑选鹅肠时，以颜色乳白、外观厚粗者为佳。

主料：鹅肠 350 克，豆腐脑 150 克。

辅料：鲜汤、芹菜、辣椒酱、食用油、味精、盐各适量。

松茸鹅肉块

1. 将鹅宰净，入沸水锅中汆透捞出，剁成大块；白菜心洗净，切成块，入沸水锅中略汆，捞出。

2. 冬笋切成块，姜去皮后拍松。

3. 将大沙锅置于小火上，倒入鲜汤，放入葱、姜、松茸、鹅肉块、冬笋块、白菜心，加料酒、米醋、盐、糖、水煮沸，撇去浮沫，下味精，炖至鹅肉酥烂，撇去汤面上的油，撒入胡椒粉即可。

【营养功效】松茸含有蛋白质、脂肪和多种氨基酸。

小贴士

松茸有很强的药用价值。

主料：鹅 1000 克，松茸 250 克，磨菇、冬笋各 50 克，白菜心 150 克。

辅料：鲜汤、姜、葱、盐、味精、米醋、料酒、糖、胡椒粉各适量。

豆豉荷香鹅

主料: 鹅肉 600 克, 豆豉 50 克, 荷叶 50 克。

辅料: 食用油、姜、葱、蒜、干辣椒、胡椒粉、味精、料酒、蚝油、淀粉、花椒、香油、盐各适量。

制作方法

1. 鹅肉切片, 泡去血水。锅内烧热油, 放入花椒炸出花椒油。

2. 将豆豉剁成泥, 与盐、胡椒粉、味精、香油、料酒、蚝油、姜末、蒜末、水淀粉一起搅拌, 放入鹅肉片搅匀, 将荷叶垫入盘底, 鹅肉片码在荷叶上。

3. 将荷叶向里包起扎紧, 放笼中用大火蒸 20 分钟, 出笼撒上葱末、干红辣椒末。锅放入花椒油烧至七成热, 淋在鹅肉片上即可。

【营养功效】鹅肉有补阴益气、暖胃开津、祛风湿、防衰老之效。

小贴士

荷叶以叶大、整洁、色绿者为佳。

三味炖大鹅

主料: 鹅肉 500 克, 土豆 300 克, 尖辣椒 100 克, 油菜心 150 克。

辅料: 食用油、盐、高汤、味精、酱油、花椒、葱、姜、糖各适量。

制作方法

1. 将鹅肉切成块, 放入沸水锅中汆透捞出; 土豆去皮切成滚刀块; 花椒加水泡制出花椒水; 尖辣椒切成斜刀块。

2. 锅内放食用油烧至八成热, 放入鹅肉块煸至淡黄色, 添入高汤, 加酱油、盐、糖、花椒水、葱段、姜片, 大火煮沸。

3. 放入土豆块炖至软烂, 加油菜心、尖辣椒块、味精再炖片刻即可。

【营养功效】油菜有助于降血脂。

小贴士

可根据自己口味增添食料。

红烧鹅肉

制作方法

1. 熟鹅肉切小块，用食用油炸一下捞出。

2. 把酱油、红糖、淀粉、盐放在一块，加适量水调成稀糊状备用。

3. 锅内放食用油，油热后放入葱、姜、蒜末，烹出香味后加入鹅肉翻炒一下，勾上用红糖、淀粉调好的稀糊，再翻炒一下即可。

【营养功效】鹅肉含蛋白质、脂肪、维生素A、B族维生素、糖。

小贴士

将鹅肉切成小块，可以使其更加容易烧熟。

主料： 熟鹅肉300克。

辅料： 食用油、葱、姜、蒜、酱油、红糖、淀粉、盐各适量。

鹅血茅根汤

制作方法

1. 将鲜茅根洗净，切段，加水适量，煎煮30分钟，去渣留汁待用。

2. 将熟鹅血切成块，香菜洗净后切成段待用。

3. 锅内加香油烧热，加葱花、姜末、酱油炝锅，入茅根汁，加入鹅血，煮5～10分钟，加入香菜、醋、味精调味即可。

【营养功效】本菜含有丰富的蛋白质、维生素及矿物质等。

小贴士

鹅肉有防衰老之效。

主料： 熟鹅血100克，鲜茅根200克。

辅料： 香菜、葱、姜、酱油、醋、香油、味精各适量。

鹅肉补阴汤

主料: 鹅肉 500 克,猪瘦肉 250 克。

辅料: 鸡汤、山药、北沙参、玉竹、盐、味精、料酒、胡椒粉、姜、鸡油各适量。

制作方法

1. 将鹅肉、猪肉分别洗净,放入沸水锅中氽透,切成丝。

2. 把山药、北沙参、玉竹分别去杂,清水洗净,装入纱布袋中扎口。

3. 将煮锅刷洗干净,置于火上,注入鸡汤,放入鹅肉丝、猪肉丝、药袋、盐、料酒、胡椒粉、生姜片,加盖,煮至肉熟烂,淋上鸡油、味精调味即成。

【营养功效】猪肉可提供血红素和促进铁吸收的半胱氨酸,能改善缺铁性贫血症状。

小贴士

可依据个人喜好增减食料。

清蒸鹅掌

主料: 鹅掌 500 克,冬笋 50 克。

辅料: 熟火腿、水发香菇、熟鸡油、盐、味精、葱、姜、鲜汤各适量。

制作方法

1. 将鹅掌入锅煮到六七成熟时捞出,剔去趾甲和掌骨,放在鲜汤碗内,浸泡。

2. 碗底先放葱段、姜片,再码上火腿片、冬笋片和香菇片,摆好鹅掌,撒上盐和味精,倒入浸泡鹅掌的鲜汤。

3. 加盖入笼,大火蒸 15~25 分钟,蒸至鹅掌嫩熟,出笼,反扣在另一盘中,拣去葱段、姜片,淋入鸡油即成。

【营养功效】冬笋具有开胃、促进消化、增强食欲的作用。

小贴士

鹅肉的营养价值较高,是一种高蛋白、低脂肪、低胆固醇的健康肉类。

沙姜头抽捞掌翼

制作方法

1. 将卤鹅掌翼斩成段状；鲜沙姜洗净，用刀拍扁，剁成粗粒状；葱斜刀切段用。

2. 油落锅，将沙姜粗粒放入油锅中爆炒至有香味散出。

3. 入鹅掌翼炒至微热，投入葱段，倒入头抽炒匀即可。

【营养功效】沙姜有温中散寒、开胃消食、理气止痛的功效。

小贴士

将干姜置于衣物中，可防虫蛀。

主料: 卤鹅掌翼 300 克。

辅料: 鲜沙姜、葱、食用油、头抽各适量。

花生鸡爪汤

制作方法

1. 将花生米用温水泡软，洗净沥干水分；新鲜鸡爪用沸水汆烫透，脱去黄皮，斩去爪尖，洗净备用。

2. 鸡爪入锅煸炒，再下姜片，注入水，然后放盐、料酒。

3. 用大火煮开 10 分钟，放入花生米，再煮10 分钟，改用中火，撇去浮沫，待鸡爪、花生米熟透时，撒上胡椒粉即可。

【营养功效】花生具有舒脾暖胃、润肺化痰、滋补调气之功效。

小贴士

花生霉变后不能吃。

主料: 花生米 100 克，鸡爪 150 克。

辅料: 姜、盐、食用油、胡椒粉、料酒各适量。

五子蒸鸡

主料： 活嫩母鸡 150 克。

辅料： 莲子、枸杞子、红枣、松子、五味子、料酒、葱、姜、盐各适量。

制作方法

1. 活嫩母鸡宰杀洗净，放入锅中氽水，加姜、料酒，沸后撇去浮沫，煮至断血时捞出，将原汤吊清待用。

2. 莲子去心，枸杞子、红枣、松子、五味子洗净。

3. 将鸡从脊背剖开，斩去大骨，扣入大碗中，放入莲子、枸杞子、红枣、松子、五味子，倒入原汤，加盐，用保鲜纸封口加盖，上笼用大火蒸 3 小时，至酥烂取出即成。

【营养功效】母鸡肉蛋白质的含量比例较高，含有对人体生长发育有重要作用的磷脂类。

小贴士

鸡用来蒸，最能保留营养。

蜜枣蒸乌鸡

主料： 乌鸡 900 克，蜜枣 6 克，香菇 10 克。

辅料： 葱、姜、党参、枸杞子、鸡汤、盐、味精、料酒各适量。

制作方法

1. 香菇泡软洗净；葱切段；姜切片；枸杞子用温水洗净；党参切成段。

2. 乌鸡洗干净，放入沸水锅内氽出血水，捞出用清水漂净。

3. 把乌鸡放在炖煲内，放入香菇、枸杞子、党参、蜜枣、姜片、葱段，倒入鸡汤，加上盐、料酒和味精，盖上盖，上屉蒸约 30 分钟即可。

【营养功效】乌鸡是营养价值极高的滋补品，具有滋阴清热、补肝益肾、健脾止泻等功效。

小贴士

蒸约 30 分钟后，不可立即掀盖，应再过约 20 分钟方可开盖。

制作方法

1. 葱洗净切成段；大蒜拍扁去衣，剁成蓉。

2. 把红椒放到火上烤焦，烤好后放入冷开水中，去掉发黑的外皮和籽，清洗干净，撕成条状，放入大碗里。

3. 皮蛋洗净放入锅里，放入清水，以没过皮蛋为宜，加盖，大火煮8分钟，取出皮蛋去壳，切成瓣放进碗里。

4. 往碗里加入适量的醋、酱油、盐、鸡精和蒜蓉，拌匀后腌10分钟，撒上葱段即可。

【营养功效】此菜泻肺热，醒酒去火。

小贴士

　　购买皮蛋时，应注意是否有质量认证标志。

尖椒皮蛋

主料： 红椒20克，皮蛋3个。

辅料： 蒜、葱、醋、鸡精、盐、酱油各适量。

制作方法

1. 丝瓜洗净切滚刀片，虾皮拣除杂质漂洗一遍，鸡蛋磕碗内打散。

2. 炒锅上火加食用油烧热，下入丝瓜炒片刻。

3. 加水两碗，下虾皮煮沸，淋入蛋液，见鸡蛋成絮状浮起汤面时，调入盐和味精即成。

【营养功效】虾含蛋白质较高，还含有丰富的抗衰老的维生素E等。

小贴士

　　虾皮补钙效果很好，凡骨质疏松症患者、各种缺钙者，特别是孕妇、老人及小孩更宜经常食用虾皮。

丝瓜虾皮蛋汤

主料： 虾皮20克，鸡蛋2个，嫩丝瓜200克。

辅料： 食用油、盐、味精各适量。

熘皮蛋

主料： 皮蛋 100 克，鸡蛋 2 个，面粉 25 克。

辅料： 食用油、鸡汤、盐、味精、酱油、糖、醋、料酒、淀粉、胡椒粉、香油各适量。

制作方法

1. 鸡蛋加适量盐、面粉和淀粉搅匀成全蛋糊。将酱油、糖、醋、味精、料酒、鸡汤、水淀粉放小碗中拌匀，兑成汁待用。

2. 将面粉、淀粉铺撒在盘中，每只皮蛋切为4 瓣，逐一放入盘中裹匀面粉和淀粉。

3. 炒锅倒入食用油烧至六七成热，将皮蛋逐一蘸上全蛋糊，入锅炸黄，沥油。原炒锅留底油再置大火上，将兑好的汁煮沸，淋在已炸的皮蛋上，淋上香油，撒上胡椒粉即可。

【营养功效】 适当食用皮蛋，可促进食欲，有健脾开胃之效。

小贴士

食用皮蛋不可过量，避免铅中毒。

酿蛋黄豆腐

主料： 豆腐 300 克，鸭蛋黄 100 克。

辅料： 清汤、葱、姜、食用油、水淀粉、料酒、酱油、盐、香油各适量。

制作方法

1. 豆腐切成大块，用小勺挖出少许豆腐。鸭蛋黄放碗里，加上葱段、姜片、料酒和清汤，上屉蒸约 5 分钟，取出蛋黄，填入豆腐块里。

2. 锅内放食用油烧到六成热，放入蛋黄豆腐，用小火将豆腐表面煎至色泽黄亮，捞出。

3. 锅内放入蒸蛋黄的汤汁，加酱油、盐，煮沸，放入煎好的蛋黄豆腐，用小火烧煮 5 分钟，放水淀粉勾芡，淋上香油即可。

【营养功效】 鸭蛋能预防贫血，促进骨骼发育。

小贴士

此菜应选择客家豆腐或老豆腐，不宜选择嫩豆腐。

菠菜蛋汤

制作方法 ○ •

1. 菠菜洗干净，将鸡蛋磕入碗内搅匀。

2. 锅内放入鸡汤煮沸，放盐、味精调味，再放菠菜。

3. 将蛋液均匀浇入，煮沸，淋香油即可。

【营养功效】菠菜富含铁质，对缺铁性贫血有改善作用。

 小贴士

　　优质菠菜色泽浓绿，根为红色，茎叶不老，无抽薹开花，不带黄烂叶。

主料： 菠菜 200 克，鸡蛋 2 个。

辅料： 鸡汤、盐、味精、香油各适量。

花椰菜炒蛋

制作方法 ○ •

1. 将嫩花椰菜洗净，择成小朵；鸡蛋磕入碗中，加盐、料酒、味精、少许酱油搅匀。

2. 炒锅上火，放食用油烧热，下鸡蛋液炒至凝固，盛出待用。

3. 花椰菜入沸水锅中氽熟，捞起控干。另起锅加入蛋、糖、鲜汤煮沸片刻，入花椰菜炒匀，撒葱花即成。

【营养功效】食用此菜对贫血、神经衰弱、疲劳综合征有防治作用。

小贴士

　　花椰菜烧煮和加盐时间不宜过长，否则容易破坏营养成分。

主料： 嫩花椰菜 250 克，鸡蛋 2 个。

辅料： 葱、食用油、料酒、鲜汤、糖、盐、味精、酱油各适量。

玉米蛋黄

主料： 玉米 300 克，咸鸭蛋 100 克。
辅料： 盐、食用油各适量。

1. 将玉米放沸水蒸锅中蒸熟，取出后将玉米粒剥下，然后在玉米粒中放少量油、盐拌匀。

2. 锅内放几滴油，烧至温热后下玉米粒稍炒。

3. 将咸蛋黄碾成泥，下锅略翻炒，使玉米粒上裹匀蛋黄即可起锅装盘。

【营养功效】玉米中的玉米黄质能保护视力，多吃玉米能增强人的脑力和记忆力。

小贴士

玉米忌和田螺同食，否则会中毒。玉米尽量避免与牡蛎同食，否则会阻碍锌的吸收。

红薯蛋花汤

主料： 红薯 200 克，鸡蛋 2 个。
辅料： 姜、糖各适量。

1. 红薯洗净，去皮切粒；鸡蛋打入碗中，取蛋黄待用。

2. 清水连同红薯小火煲 1 小时，放入姜、糖和蛋黄拌匀后熄火。

3. 蛋白用适量清水煮至刚熟，取出放入糖水内即成。

【营养功效】红薯营养价值很高，被营养学家称为营养均衡的保健食品。

小贴士

生鸡蛋清中含有亲合素蛋白质，能阻碍人体对生物素的吸收，因此不宜食用生鸡蛋。

制作方法 ○ •

1.将芡实、鸡汤倒入锅中，以小火煎1小时，出锅待用；原汤与鸡蛋液调匀，加盐、酱油调味；青虾剥皮去肠；鸡肉洗净切丁，用料酒、盐腌渍待用；鲜香菇洗净，去蒂切丝；鱼滑抓烂。

2.将鸡丁、青虾香菇丝、鱼滑拌匀，调入鸡汤液，上笼以小火蒸至表面出现凝结现象，倒入剩余鸡汤液，蒸5分钟，撒上葱花即可。

【营养功效】芡实和莲子相似，皆为滋养强壮性食物。

小贴士

新鲜芡实有壳，需去壳才能煮食。

芡实蒸蛋羹

主料: 芡实15克，鸡蛋液200毫升，鸡肉100克，青虾100克，鱼滑80克。

辅料: 鸡汤、香菇、葱、料酒、盐、酱油各适量。

制作方法 ○ •

1.苦瓜取中间部分，先用刀切成2厘米的段，再挖去瓜瓤备用。

2.将苦瓜段放入沸水锅内氽片刻，捞出用冷水过凉，再用清洁的布擦干水分，在瓜壁内侧抹上淀粉，鸭蛋黄放苦瓜段里，上笼蒸5分钟后取出。

3.将蛋黄苦瓜放入盘内，将清汤、盐、料酒、糖撒在蛋黄苦瓜上，入笼用大火蒸5分钟，取出直接上桌即成。

【营养功效】苦瓜含有丰富的苦瓜苷和苦味精，能除邪热、解劳乏、清心明目。

小贴士

苦瓜中间的籽和瓤去得越干净，苦味就越小。

苦瓜酿蛋黄

主料: 苦瓜300克，鸭蛋黄150克。

辅料: 淀粉、清汤、盐、料酒、糖各适量。

皮蛋剁椒蒸土豆

主料： 土豆 350 克，皮蛋 50 克。

辅料： 剁椒、葱、蒜、食用油、盐、味精、香油各适量。

制作方法

1. 将土豆洗净去皮，切成片，用清水漂洗 3 分钟，摆入盘中，均匀地撒上盐。

2. 皮蛋剥壳，每个切成 8 瓣，围摆在土豆周围；蒜切末；葱切花。

3. 将剁椒、蒜末、盐、味精、食用油拌匀，盖在土豆和皮蛋上，上笼用大火蒸 10 分钟取出，淋上烧热的香油，撒上葱花即可。

【营养功效】土豆含有黏液蛋白，可保持血管弹性。

小贴士

人们经常把切好的土豆片、土豆丝放入水中，去掉太多的淀粉以便烹调，但泡得太久会致使水溶性维生素等营养流失。

紫菜蛋花汤

主料： 紫菜 20 克，小白菜 100 克，鸡蛋 2 个。

辅料： 盐、香油、水淀粉、高汤各适量。

制作方法

1. 高汤放锅内煮开，小白菜洗净放入汤内，改小火，加盐调味。

2. 鸡蛋打散，加入少许水淀粉调匀，汤煮沸时淋入，待蛋花浮起时改小火。

3. 将紫菜撕小片放入汤内，立刻熄火盛出，最后滴入少许香油即可。

【营养功效】紫菜含大量的蛋白质、磷、铁、钙、碘、维生素、糖等营养成分，有利尿、清热、化痰、养心等营养功效。

小贴士

乳腺小叶增生以及各类肿瘤患者忌用，脾胃虚寒者切勿食用。

制作方法

1. 锅中放入食用油烧热，打入鸡蛋，注意不要弄破蛋黄，正反两面煎过后装碟待用。

2. 锅中留油，放入火腿片煎香，与鸡蛋一同装碟即可。

【营养功效】火腿含丰富的蛋白质和适度脂肪，具有强健身体的作用。

小贴士

　　火腿煎双蛋是道经典的港式早餐。

火腿煎双蛋

主料： 鸡蛋2个，火腿片50克。

辅料： 食用油适量。

制作方法

1. 银耳洗净去蒂，浸发待用；鸡蛋打散，搅成蛋液待用。

2. 热油锅，下银耳炒香，加入蛋液滑炒，加盐调味，出锅即可。

【营养功效】银耳的植物胶质具有滋阴作用。长期食用银耳，可以祛除脸部黄褐斑、雀斑，美白滋润皮肤。

小贴士

　　银耳口味爽滑，用来炒蛋，也别有一番风味。

银耳炒鸡蛋

主料： 银耳20克，鸡蛋4个。

辅料： 盐、食用油各适量。

三鲜黑米蛋卷

主料：黑米饭 400 克，熟火腿、香菇各 50 克，鸡蛋 4 个，熟鸡脯肉 100 克。

辅料：水淀粉、虾米、盐、味精、胡椒粉、香油、食用油各适量。

1. 蛋液加入水淀粉搅拌为稀浆，鸡肉、火腿切丁。

2. 将香菇丁、虾米、火腿丁、鸡肉丁放入黑米饭中，加入盐、味精、胡椒粉、香油拌匀。

3. 锅中加食用油烧热，舀入蛋液拉成蛋皮，取出涂上剩余蛋液，放入拌好的黑米饭，压平卷卷。

4. 锅中放入食用油烧至六成热，加入蛋卷，炸至金黄色捞出，切段装盘即可。

【营养功效】多食黑米具有开胃益中、健脾暖肝、明目活血、滑涩补精之功。

小贴士

优质黑米光泽饱满，大小均匀，少有碎米。

咸蛋蒸肉饼

主料：咸蛋 1 个，五花肉 150 克。

辅料：味精、盐、淀粉、生抽、食用油、淡汤各适量。

1. 将五花肉洗净剁烂，加入盐、味精、淀粉拌匀，搅至起胶。

2. 加入咸蛋白、食用油，拌匀后放在碟上铺匀。将蛋黄用刀压扁，放在肉面上，入笼蒸熟取出。

3. 用生抽、淡汤调匀，淋在肉面上即成。

【营养功效】五花肉富含蛋白质、碳水化合物、维生素 A、钙、锌等多种营养素，尤其适合宝宝生长发育、增加营养时食用。

小贴士

蒸肉饼的碟子，要先抹上一层油，这样肉饼蒸好切块时，容易取出装盘。

滑蛋虾仁

制作方法 ○ •

1. 鸡蛋敲开，分出一个蛋清，加味精、盐、淀粉、小苏打一并放在碗中搅成糊状，再加入鲜虾仁搅匀，放入冰箱腌2小时取出。

2. 将余下的鸡蛋液加盐、味精、香油、胡椒粉搅拌成蛋浆。下油烧至微沸，放入虾仁泡油，用笊篱捞起，倒入蛋浆拌成鸡蛋料。

3. 余油倒出，炒锅回炉上，下油，入鸡蛋料、葱花，边炒边加油，炒至刚凝结便上碟。

【营养功效】鸡蛋能补阴益血、健脾和胃、清热解毒、养心安神。

小贴士

胆囊炎及胆石症患者当慎食鸡蛋。

主料： 虾仁250克，鸡蛋4个。

辅料： 葱、淀粉、小苏打、香油、盐、味精、胡椒粉、食用油各适量。

咸蛋芥菜汤

制作方法 ○ •

1. 芥菜洗净切段；熟咸鸭蛋去壳，取出蛋黄放在案板上，用刀压扁，咸蛋白放入凉水中浸泡。

2. 汤锅置火上，下油烧热，下姜片炝锅，加入清水煮沸，放入芥菜，滚约3分钟。

3. 放入咸蛋黄和咸蛋白煮沸，放入酱油、味精，起锅装汤碗内即成。

【营养功效】此汤健脾利水、利肠开胃。

小贴士

咸鸭蛋不宜与甲鱼、李子同食。

主料： 芥菜250克，熟咸鸭蛋2个。

辅料： 酱油、味精、食用油、姜各适量。

水果煎蛋

主料： 鸡蛋3个，葡萄干、雪梨各50克。

辅料： 黄油、糖、盐、食用油、淀粉各适量。

制作方法

1. 将鸡蛋磕破放入碗中，加盐、淀粉、水搅匀。雪梨切丝，加糖和黄油拌匀，腌渍片刻。将葡萄干洗净，剁碎，放入碗中。

2. 锅中倒入食用油，倒入鸡蛋液，摊开稍煎，放入雪梨丝、葡萄干末，将蛋饼折叠成方形，翻个煎熟出锅。

3. 盛盘后，淋上糖油汁即可。

【营养功效】葡萄中的糖主要是葡萄糖，能很快被人体吸收。

小贴士

人体出现低血糖时，若及时饮用葡萄汁，可很快使症状缓解。当中的水果也可换成芒果，香味更为浓郁。

韭菜炒鸡蛋

主料： 韭菜100克，鸡蛋2个。

辅料： 食用油、盐各适量。

制作方法

1. 将韭菜洗净切碎，鸡蛋磕碎放入碗中。

2. 锅中倒入食用油烧热，放入鸡蛋翻炒片刻。

3. 加韭菜，加入盐翻炒一下即可。

【营养功效】韭菜中含有蛋白质、脂肪、碳水化合物以及丰富的胡萝卜素和维生素C。

小贴士

韭菜与牛奶不可同吃，牛奶与含草酸多的韭菜混合食用会影响钙的吸收。

锦绣蒸蛋

制作方法

1. 将鸡蛋打入碗内搅散，放入盐、味精、清水搅匀，上笼蒸熟。

2. 选用三成肥、七成瘦的猪肉剁成末，菜心梗切片，虾仁切粒。

3. 锅放炉火上，放入食用油烧热，放入肉末、虾仁，炒至松散出油时，加入葱末、菜心梗片、酱油、味精及水，用水淀粉调匀勾芡，浇在蒸好的鸡蛋上即成。

【营养功效】鸡蛋及猪肉均有良好的养血生精、长肌壮体、补益脏腑之效，维生素 A 含量高，对产妇有良好的滋补之效。

小贴士

蒸蛋容器上加个碟子或者盖子，蒸出的鸡蛋光滑如镜且口感不会老。

主料: 鸡蛋 3 个，猪肉 50 克，菜心梗 30 克，虾仁 20 克。

辅料: 葱、淀粉、酱油、盐、味精、食用油各适量。

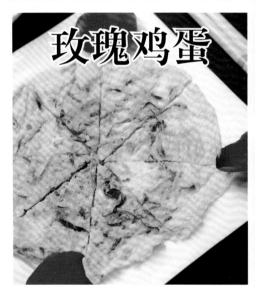

玫瑰鸡蛋

制作方法

1. 玫瑰洗净，撕成瓣状，切丝待用；葱洗净切花。

2. 鸡蛋打散，搅成蛋液，拌入玫瑰花丝、葱花、盐调匀，入油锅摊蛋皮，煎至两面金黄即可。

【营养功效】玫瑰味甘、微苦，性温，归肝、脾经，主要含蛋白质、维生素、单宁、胡萝卜素、香叶醇、挥发油等成分。

小贴士

玫瑰油香气馥雅，人们多用它熏茶、制酒和配制各种甜品。

主料: 玫瑰 3 朵，鸡蛋 3 个。

辅料: 葱、盐各适量。

滑蛋牛肉

主料: 牛肉200克,鸡蛋2个。

辅料: 料酒、淀粉、食用油、葱、盐、味精、酱油各适量。

制作方法

1. 牛肉切片放入碗内,加料酒、盐、味精、酱油反复搅拌,再加入淀粉拌匀;鸡蛋打在大碗内,加入盐和味精搅拌均匀备用。

2. 锅内倒入食用油放火上烧热后,倒入牛肉片,用炒勺迅速搅开,熟后立即捞出。

3. 锅内留油,倒入鸡蛋液,炒至半熟时,加入牛肉片,再炒至蛋熟透,撒上葱即可。

【营养功效】此菜具有强筋健骨、补精益智的功效。

小贴士

滑蛋是一种炒蛋的方法,用铲子在锅底下贴着锅底转动、画圈,只要转七八下就好。

蛋黄蒸酿冬瓜

主料: 冬瓜500克,咸蛋黄100克。

辅料: 食用油、盐、味精、水淀粉各适量。

制作方法

1. 冬瓜去皮切厚块,中央挖洞待用。

2. 锅中倒水煮沸,下冬瓜煮至八成熟,出锅后酿入咸蛋黄,装碟待用。

3. 酿冬瓜上笼,以中火蒸8分钟。

4. 另外开锅,用味精、盐、水淀粉、食用油和少量原汤勾芡,淋于冬瓜上即可。

【营养功效】冬瓜是一种解热利尿食物,连皮一起煮汤,效果更明显。

小贴士

冬瓜性寒,阴虚火旺者应少食。

制作方法

1. 鲈鱼肉洗净切片，用盐、油拌匀待用；鸡蛋打散，加入鲜汤、盐、味精，倒入蒸盘待用。

2. 蒸盘上笼，以小火蒸至八成熟。

3. 加入鱼片、葱花，以小火蒸熟，出锅后淋上酱油、猪油、胡椒粉即可。

【营养功效】常食鲈鱼能健脾、补气、益肾、安胎。

小贴士

鲈鱼肉应先仔细去骨。

鱼片蒸蛋

主料：鲈鱼肉 200 克，鸡蛋 4 个。

辅料：葱花、盐、胡椒粉、味精、酱油、猪油、鲜汤、食用油各适量。

制作方法

1. 鸡蛋打在碗内搅拌均匀，番茄、青椒分别切小块备用。

2. 锅中倒入少许油烧热，放入葱花煸香，倒入鸡蛋炒至熟透时盛出。

3. 锅留底油烧热，倒入番茄和青椒稍炒，放入炒熟的鸡蛋，加盐、味精，翻炒均匀，淋上香油即可。

【营养功效】番茄含蛋白质、脂肪、碳水化合物、钙、铁、维生素 A 和维生素 E 等，含矿物质及维生素比较丰富，可作为少儿经常食用的菜肴。

小贴士

每天早晨选 1 ~ 2 个鲜熟番茄蘸白糖吃，对降血压有帮助。

番茄青椒炒蛋

主料：鸡蛋 2 个，番茄 100 克，青椒 100 克。

辅料：葱、香油、盐、味精、食用油各适量。

猪蹄姜醋蛋

主料: 猪蹄 200 克, 鸡蛋 2 个。
辅料: 甜醋、姜各适量。

制作方法

1. 鸡蛋煮熟, 去壳待用; 姜去皮洗净, 用刀拍烂。

2. 猪蹄去毛斩块, 入锅氽水, 捞起待用。

3. 锅中倒入足量甜醋, 放入姜、鸡蛋、猪蹄煮至入色入味, 关火。

4. 将上述材料浸于甜醋约 3 小时, 上火煮半小时即可。

【营养功效】猪蹄对于经常性的四肢疲乏、腿部抽筋、麻木、消化道出血、失血性休克有一定的辅助疗效。

小贴士

姜醋蛋尤其适宜女士食用。

黄埔肉碎煎蛋

主料: 猪肉 250 克, 鸡蛋 1 个。
辅料: 盐、糖、味精、蒜、食用油各适量。

制作方法

1. 猪肉剁碎, 用味精、盐调匀腌制片刻; 鸡蛋打散, 搅成蛋液。

2. 锅中放食用油烧热, 下蒜末爆香, 加入肉碎炒熟, 调入蛋液, 小火炒熟, 加盐、糖调味, 出锅即可。

【营养功效】猪肉中含有维生素 B_1, 与蒜同食, 可以延长维生素 B_1 在体内停留时间, 这对促进血液循环及消除身体疲劳有一定作用。

小贴士

这个是广州黄埔农村地区的特色菜, 口感香滑可口。

制作方法

1. 将四季豆放淡盐水中浸泡，洗净，取出沥净水分备用。蛋黄放在碗里，加上葱段、姜片和少许清水，上屉蒸5分钟，取出蛋黄，改刀切成丁。

2. 锅置大火上，放入清水和盐煮沸，倒入四季豆煮3分钟，捞出沥净水分。

3. 炒锅复置火上，放香油烧至六成热，放入红椒、蛋黄丁和四季豆煸炒片刻，加入盐、料酒和味精炒匀，出锅装盘即可。

【营养功效】四季豆所含的磷脂，能加强神经细胞的传递，增强记忆力。

小贴士

生蛋黄有不少细菌，最好煮熟后食用。

蛋黄四季豆

主料: 四季豆400克，蛋黄75克。

辅料: 葱、姜、盐、香油、料酒、红椒、味精各适量。

制作方法

1. 将烟腊肉洗净，切粒待用；葱洗净切花；鸡蛋打散，搅成蛋液。

2. 炒锅烧热，下腊肉炒至出油，加入鸡蛋以小火快炒，加盐、糖、味精调味，撒下葱花，出锅即可。

【营养功效】腊肉中磷、钾、纳含量丰富，还含有脂肪、蛋白质、碳水化合物等。

小贴士

湖南腊肉是著名特产。

腊肉葱花炒蛋

主料: 烟腊肉100克，鸡蛋4个。

辅料: 葱、盐、糖、味精各适量。

猪肝茭白炒鸡蛋

主料：猪肝300克，茭白4条，鸡蛋2个。

辅料：盐、糖、味精、食用油各适量。

制作方法

1. 猪肝洗净切片，加盐腌制片刻；鸡蛋打散，搅成蛋液待用；茭白切丝。

2. 热油锅，下猪肝熘熟，加入茭白稍炒，倒入蛋液以小火炒熟，加糖、味精、盐调味，出锅即可。

【营养功效】茭白味甘性寒，具有解热毒、除烦渴、利便等功效。

小贴士

茭白含有丰富的有解酒作用的维生素，有解酒醉的功用。

冬瓜蛋黄羹

主料：冬瓜100克，鸡蛋1个。

辅料：姜、水淀粉各适量。

制作方法

1. 将冬瓜去皮去瓤，洗净切丁；鸡蛋煮熟，留蛋黄备用。

2. 锅中放入清水、姜片煮开，再放入冬瓜丁煮熟。

3. 蛋黄加入锅中煮1分钟，再加水淀粉勾芡即可。

【营养功效】蛋黄中的油酸对预防心脏病有益。

小贴士

冬瓜是不含脂肪的食品，具有很好的减肥作用。

制作方法

1. 干贝入水煮出味道。

2. 加入泡好的紫菜煮开，加盐、味精调味。

3. 加入蛋白，搅拌即可。

【营养功效】紫菜所含的多糖能明显增强细胞免疫和体液免疫功能，促进淋巴细胞转化，提高机体的免疫力，有助于降低进血清胆固醇的总含量。

小贴士

　　干贝含丰富的蛋白质和少量碘质，味道可口，用来做菜，非常鲜美。

紫菜干贝蛋白羹

主料: 紫菜 200 克，干贝 50 克，鸡蛋 2 个。

辅料: 盐、味精各适量。

制作方法

1. 莲藕去皮，洗净剁碎，用鸡蛋、盐、面粉拌成藕馅，捏成若干丸子待用。

2. 锅中放食用油烧至六成热，下藕丸炸至金黄色，出锅沥油。

3. 另外置锅，加水煮沸，加入丸子烧开，调入酱油加盖烧 5 分钟，加入水淀粉勾芡即可。

【营养功效】莲藕富含铁、钙等微量元素，植物蛋白质、维生素及淀粉含量也很丰富，可明显补益气血，有效增强机体免疫力。

小贴士

　　鸡蛋与鹅肉同食损伤脾胃，与兔肉、柿子同食导致腹泻，亦不宜与甲鱼、鲤鱼、豆浆、茶同食。

鸡蛋藕丸

主料: 莲藕 300 克，鸡蛋 1 个。

辅料: 面粉、食用油、酱油、盐、水淀粉各适量。

韭菜肉丝蛋花汤

主料: 韭菜 250 克, 猪肉 100 克, 鸡蛋 2 个。

辅料: 盐、食用油、味精各适量。

制作方法

1. 猪肉切丝; 韭菜切段; 鸡蛋打散, 搅成蛋液。

2. 开水烫肉丝, 加韭菜, 调味。

3. 加入鸡蛋液, 放盐、味精, 淋油即可。

【营养功效】韭菜含有挥发性精油及硫化物等特殊成分, 散发出一种独特的辛香气味, 有助于疏调肝气、增进食欲、增强消化功能。

小贴士

消化不良或肠胃功能较弱的人吃韭菜容易烧心, 不宜多吃。

蛋黄肉汤

主料: 熟蛋黄 50 克。

辅料: 米粉、肉汤各适量。

制作方法

1. 将熟蛋黄捣碎。

2. 一点一点加肉汤搅匀。

3. 加米粉调匀, 边煮边搅至煮沸。

【营养功效】鸡蛋黄中含有大量的卵磷脂、甘油三酯和卵黄素,可促进脑神经细胞生长。

小贴士

鸡蛋与糖同煮会因高温作用生成一种叫糖基赖氨酸的物质。它能破坏鸡蛋中对人体有益的氨基酸成分, 而且有凝血作用, 进入人体后会造成危害。

乌云托月

制作方法

1. 将紫菜洗净，用冷水浸透沥干，放在汤碗里。

2. 锅内放清水，磕入鸡蛋，煮成一个圆荷包蛋，捞出放汤碗中央。

3. 另起汤锅，加入鸡汤、清水，放盐、料酒调味，烧开后撇去浮沫，盛到放紫菜的汤碗里即成。

【营养功效】紫菜含碘量很高，富含胆碱和钙、铁，能增强记忆，促进骨骼、牙齿的生长和保健，含有一定量的甘露醇，可作为治疗水肿的辅助食品。

小贴士

紫菜制作前应当去沙。

主料： 鸡蛋2个，干紫菜20克。

辅料： 料酒、盐、鸡汤各适量。

韭菜炒双蛋

制作方法

1. 韭菜洗净，切段待用；红椒切丝。

2. 热油锅，下皮蛋、盐、糖、味精爆香，加入韭菜、红椒略炒，打入鸡蛋，炒至金黄即可。

【营养功效】韭菜是生长力最旺盛的蔬菜之一，与鸡蛋一起炒，可壮阳补虚。

小贴士

隔夜的熟韭菜不宜再吃。

主料： 韭菜300克，皮蛋、鸡蛋各1个。

辅料： 红椒、食用油、盐、糖、味精各适量。

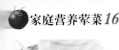

鱼香蒸蛋

主料: 鸡蛋4个,肉馅50克。

辅料: 干木耳、葱、辣豆瓣酱、姜、蒜、盐、糖、醋、香油、水淀粉、食用油各适量。

1. 木耳泡发,去杂质,切碎。鸡蛋打入碗中,加盐、少许水搅打均匀,然后放入蒸锅中,用小火蒸熟。

2. 炒锅倒入食用油烧热,下入肉馅炒散,再放入蒜末、姜末、辣豆瓣酱炒香,然后加入盐、糖、少量水煮开,放入木耳再次煮开,用水淀粉勾芡,淋入醋、香油,撒葱花制成鱼香汁。

3. 将鱼香汁淋在蒸蛋上即可。

【营养功效】木耳菌状如耳朵,寄生于枯木上,含有碳水化合物、蛋白质、脂肪、氨基酸、维生素和矿物质,铁的含量较为丰富。

小贴士

鸡蛋搅打后会有小泡,可用牙签将其扎破,或用干净的保鲜膜抹平,这样蒸出的鸡蛋羹就比较平滑了。

红枣鸡蛋汤

主料: 腐竹皮100克,红枣5枚,鸡蛋1个。

辅料: 冰糖适量。

1. 将腐竹皮洗净泡水至软,鸡蛋磕碎搅匀待用,红枣洗净去核。

2. 锅中注入清水适量,放入腐竹皮、红枣、冰糖,小火煮30分钟。

3. 加入鸡蛋搅匀即可。

【营养功效】鸡蛋含有蛋白质、脂肪、卵黄素、卵磷脂、维生素和铁、钙、钾等人体所需要的矿物质。此汤可促进食欲、补血养气、增强体质。

小贴士

这是民间广泛用于产后补养气血的食疗方。常喝能使气血旺盛、肌肤丰润光泽。

三鲜蛋羹

制作方法

1. 蘑菇洗净切成丁，精肉洗净切丁，虾仁切丁，起油锅，加入葱蒜煸香，放入三丁，加盐，炒熟。

2. 鸡蛋打入碗中，加少许盐和清水调匀，放入锅中蒸热。

3. 将炒好的三丁倒入搅匀，再继续蒸 5～8 分钟，淋上香油即可。

【营养功效】鸡蛋富含 DHA 和卵磷脂、卵黄素，对神经系统和身体发育有利，能健脑益智、改善记忆力、促进肝细胞再生。

小贴士

此菜蛋白质丰富，体质易过敏者慎吃。

主料: 鸡蛋 1 个，虾仁、蘑菇各 5 克，精肉 10 克。

辅料: 葱、蒜、食用油、盐、香油各适量。

肝末鸡蛋羹

制作方法

1. 将猪肝去筋煮熟，切末。

2. 放入调散的鸡蛋液中。

3. 加少量盐蒸成蛋羹。

【营养功效】此羹含有丰富的蛋白质、钙、磷、铁、锌、维生素 A、维生素 B_1、维生素 B_2 和烟酸等多种营养素，尤以铁和维生素 A 的含量较高，能满足孩子对铁的需求，防治贫血。

小贴士

此菜适合 7 个月以上的宝宝食用，可以预防小儿贫血。

主料: 猪肝 50 克，鸡蛋 1 个。

辅料: 盐适量。

什锦蛋丝

主料: 鸡蛋 2 个,青椒 50 克,干香菇 5 克,胡萝卜 50 克。

辅料: 食用油、盐、味精、水淀粉、香油各适量。

制作方法

1. 将鸡蛋蛋清、蛋黄分别打入 2 个盛器内,打散后加入少许水淀粉打匀(不可打起泡)。

2. 分别放入涂油的方盘中,入锅隔水蒸熟(用中小火,大火会起孔变老)。冷却取出,切成蛋白丝和蛋黄丝。香菇、青椒、胡萝卜切丝。

3. 炒锅放食用油,放入胡萝卜丝、香菇丝、青椒丝煸炒至熟,放入蛋白丝和蛋黄丝,加入盐、味精,翻炒均匀,淋入香油即成。

【营养功效】 鸡蛋富含卵磷脂、脑磷脂等对大脑和神经发育不可缺少的营养素。胡萝卜、香菇、青椒的维生素和微量元素丰富。

小贴士

这款菜可以根据个人爱好随意组合。

洋葱炒蛋

主料: 洋葱 3 个,鸡蛋 3 个。

辅料: 食用油、姜、盐各适量。

制作方法

1. 洋葱洗净,去皮切丝;鸡蛋打散,加盐调匀,放油锅炒成蛋花,出锅待用。

2. 原锅放食用油烧热,加入姜片稍爆,倒入洋葱翻炒片刻,调入盐、鸡精炒匀,加盖焖 2 分钟,倒入鸡蛋翻炒即可。

【营养功效】 洋葱具有降低血脂和血压的功效;还富含微量元素硒,可防治肿瘤。

小贴士

原料中还可加入辣椒丝,以增加菜肴的色彩。

桂圆鸽蛋汤

制作方法

1. 将枸杞子、桂圆肉、黄精用温水洗净，枸杞子去核。

2. 将以上三料共同切成细末，放入锅中加清汤煮10分钟，加盐、胡椒粉、葱、姜，备用。

3. 鸽蛋用小锅加清水煮熟，剥去壳，放入汤内，大火煮沸，出锅，撒上香菜末即成。

【营养功效】此菜可润燥益智，宁心安神。

小贴士

鸽蛋含有丰富的蛋白质、维生素和铁等成分，可补肾益气。

主料: 鸽蛋10个，枸杞子30克，桂圆肉100克，黄精20克。

辅料: 葱、姜、盐、胡椒粉、香菜、清汤各适量。

百合柿饼鸽蛋汤

制作方法

1. 百合洗净，稍浸；柿饼洗净，切小块。

2. 鸽蛋煮熟后剥去壳。

3. 以上食料一起放入锅内，加适量水，大火煮沸，改小火煲至百合软熟即成。

【营养功效】此汤润肺化痰、益肺气、清心安神。

主料: 鸽蛋2个。

辅料: 百合、柿饼各适量。

小贴士

没有鸽蛋，用鸡蛋或鹌鹑蛋代替，功效亦可。

番茄炒蛋

主料：番茄 150 克，鸡蛋 4 个。

辅料：小葱、食用油、盐、胡椒粉各适量。

制作方法

1. 每个番茄切 6 小块，小葱切成段，蛋液中加少许盐搅匀备用。

2. 将蛋液倒入锅中，以大火炒至半熟时加入葱段略炒，起锅。

3. 将番茄放入热油锅快炒，盖锅焖片刻，加入炒蛋，以盐、胡椒粉调味即可。

【营养功效】番茄具有清热生津、养阴凉血、止渴、健脾消食之功效。

小贴士

烹调时，不要久煮，稍加些醋，就能破坏其中的有害物质番茄碱。

鸽蛋豆腐白菜汤

主料：鸽蛋 10 个，豆腐 200 克，白菜 150 克。

辅料：猪油、姜、葱、盐、味精各适量。

制作方法

1. 将鸽蛋打入碗中搅散；白菜择洗干净，折成小片；豆腐切块。

2. 锅烧热加入猪油，倒入鸽蛋液煎成薄饼。

3. 姜拍松，放入锅中，加水煮沸，再入豆腐、白菜稍煮，加盐、味精、葱即可。

【营养功效】鸽蛋含有优质的蛋白质、磷脂、铁、钙、维生素 A、维生素 B_1、维生素 D 等营养成分，亦有改善皮肤细胞活性、皮肤中弹力纤维性、增加颜面部红润（改善血液循环、增加血色素）等功效。

小贴士

此汤可用于防治秋季热毒内炽而致的口腔黏膜糜烂、舌体浅小溃疡、大便秘结、口苦口燥等症。

水产类

清蒸鲳鱼

主料: 鲳鱼 300 克。

辅料: 葱丝、姜丝、红椒丝、山茶油、鸡汤、味精、料酒、生抽、盐、胡椒粉各适量。

【营养功效】 鲳鱼富含不饱和脂肪酸，有降低胆固醇的功效，对高血脂、高胆固醇患者是一种不错的鱼类食品。

小贴士

　　鲳鱼忌用动物油炸制；不要和羊肉同食。

制作方法

1. 将鱼去腮鳞，剖腹去内脏，洗净，在鱼身两面切刀花，撒上盐，抹上料酒盛入盘中，把姜丝、生抽撒在鱼身上。

2. 锅置火上，加适量清水煮沸，鱼装入盘中上笼蒸约 10 分钟，蒸至鱼眼突出，肉已松软，出锅，撒上葱丝、红椒丝。

3. 锅置大火上，倒入山茶油烧热，加入蒸鱼的原汁，下鸡汤煮沸，加入味精起锅，浇在鱼上面，撒上胡椒粉、葱花即可。

制作方法

1. 鲳鱼去净鳃，内脏洗净，鱼的两面割开抹匀酱油，冬笋、雪菜、干辣椒均改成小丁。

2. 锅内放食用油烧至九成热，下入鱼炸五成熟，呈枣红色时捞出沥净油。

3. 另起油锅烧热，下入料酒、葱、姜末、蒜末、冬笋丁、雪菜丁、辣椒丁煸炒几下，随即加入糖、酱油、盐、清汤煮沸，放入鱼，用小火烧至汁浓时，将鱼捞出放盘内，余汁加味精、香油搅匀，浇鱼上即成。

【营养功效】鲳鱼富含蛋白质及其他多种营养成分，具有益气养血、柔筋利骨之功效。

小贴士

　　小火慢烧，火不要过大，避免糊底，影响成品外观。

干烧鲳鱼

主料: 鲳鱼 750 克，雪菜、冬笋各 15 克。

辅料: 干辣椒、葱、姜、蒜、酱油、糖、清汤、食用油、味精、盐、料酒、香油各适量。

制作方法

1. 将鲳鱼去鳃、内脏洗净，两面各斜拉 4 刀，再用生抽、姜汁、料酒腌约 10 分钟；将煎封汁、香油、胡椒粉兑成芡汁。

2. 炒锅用中火烧热，放食用油涮锅后倒回油盆，放入鲳鱼，边煎边加食用油，煎炸至两面呈金黄色，再放食用油炸约 10 分钟至熟，捞起盛在盘中，把油倒回油盆。

3. 将炒锅回放火上，下蒜、葱、姜，爆至有香味，烹料酒，用芡汁勾芡，放食用油推匀，淋在鱼身上即成。

【营养功效】鲳鱼含有丰富的不饱和脂肪酸，有降低胆固醇的功效。

小贴士

　　煎封，是粤菜煎法中的一种，又叫煎碰，多用于烹制肉厚的鱼类。

煎封鲳鱼

主料: 鲳鱼 750 克。

辅料: 煎封汁、蒜、姜、葱、料酒、胡椒粉、香油、生抽、食用油各适量。

参归鲳鱼汤

主料: 鲳鱼 500 克。

辅料: 党参、当归、熟地、山药、盐各适量。

制作方法

1. 鲳鱼去鳃及内脏,洗净。

2. 将党参、当归、熟地、山药洗净,装入纱布袋内,并扎紧袋口,与鲳鱼一起放入沙锅内。

3. 锅内加适量清水,以大火煮沸后,改用小火煲1小时,加盐调味即可。

【营养功效】鲳鱼含有丰富的蛋白质和10余种氨基酸,常食可强身健体,使人肌肤光泽健美。

小贴士

　鲳鱼辅以党参、当归两味中药补品,能滋润活血,使人肌肤娇美。

冬菜蒸鳕鱼

主料: 银鳕鱼 250 克,冬菜 100 克。

辅料: 香油、淀粉、盐、鸡精、食用油、胡椒粉、葱各适量。

制作方法

1. 将银鳕鱼洗净,切片;冬菜洗净,剁碎,加入鸡精、香油拌匀备用。

2. 银鳕鱼片上撒盐、胡椒粉腌渍,拌上淀粉,放在冬菜上,上笼蒸熟。

3. 取出撒上葱末,淋上熟油即可。

【营养功效】鳕鱼含有不饱和脂肪酸,能预防高血压等疾病。

小贴士

　冬菜有津冬菜、京冬菜和川冬菜之分,有的味偏咸,有的味偏甜。

制作方法

1. 鱼尾洗净；葱切末；青蒜切片；姜切片。

2. 锅内放食用油烧热，投入鱼尾，煎至金黄色，捞起沥油。

3. 炒锅烧热，油爆葱末、姜片，加料酒、酱油、醋、糖、胡椒粉、青蒜、清水烧8分钟，勾芡，淋上香油即可。

【营养功效】草鱼肉嫩而不腻，可以开胃、滋补，同时具有明目、解热、除烦的功效。

 小贴士

　　同样做法也可做整鱼，方便易做，美味可口。

红烧鱼尾

主料: 草鱼尾300克。

辅料: 青蒜、葱、姜、料酒、酱油、醋、糖、胡椒粉、食用油、香油各适量。

制作方法

1. 鲫鱼去鳞、内脏、鳃，洗净；葱切小段；姜切末。

2. 油锅烧热，下鲫鱼炸至微黄，加入葱、姜、盐、胡椒粉及水焖片刻。

3. 加枸杞子再焖10分钟，加味精即可。

【营养功效】枸杞子可防治动脉硬化。鲫鱼含脂肪少，有利减肥。

小贴士

　　放入盆中倒一些料酒，能除去鱼的腥味，使鱼滋味鲜美。

枸杞子焖鲫鱼

主料: 鲫鱼500克，枸杞子12克。

辅料: 葱、姜、食用油、盐、胡椒粉、味精各适量。

酥焖鲫鱼

主料: 鲫鱼500克，海带50克，胡萝卜50克。

辅料: 咸菜、葱、姜、蒜、料酒、酱油、糖、盐、花椒、大料、米醋各适量。

制作方法

1. 海带切段再卷成小卷，咸菜和胡萝卜分别切成厚片，葱切段，姜切片，蒜切末。

2. 取铁锅，锅底码放好咸菜片和胡萝卜片，葱、姜、蒜撒在上面，再摆上洗净的鱼。

3. 放一层卷好的海带卷，加花椒、大料、酱油、糖、料酒、米醋和盐，倒适量水没过鱼，反扣一个盘子压在鱼上，大火烧开，改小火焖1小时即可。

【营养功效】海带有"长寿菜"、"海上之蔬"、"含碘冠军"的美誉。

小贴士

吃过鱼后，口里有味时，嚼上三五片茶叶，立刻口气清新。

火腿鲫鱼

主料: 鲫鱼500克，火腿片、香菇各10克，油菜50克。

辅料: 淀粉、料酒、盐、葱、姜各适量。

制作方法

1. 将油菜洗净，用开水氽一下捞出沥干待用。

2. 将鲫鱼刮鳞，去内脏、鳃，洗净，加盐、料酒腌渍，摆上火腿片、葱段、姜片、香菇放到锅中蒸熟。

3. 将蒸好的鱼倒入锅中，加入水、油菜，开锅后淋入水淀粉勾芡，待汁浓时即可。

【营养功效】鲫鱼营养全面，含蛋白质多。具有催乳、补虚和开胃之效。

小贴士

鲫鱼不可久蒸，以10分钟为度，蒸的时间过长，肉死刺软，不易分离，鲜味尽失。

制作方法 ○•

1. 鲫鱼、豆苗分别洗干净，香菇、笋切片，火腿切成细末，葱分别切成末及段，姜磨成汁及切粗末。

2. 鲫鱼放入沸水中烫煮 5 分钟，沥水待用。

3. 除牛奶、火腿末外，鱼和全部材料、调味料下锅煮开，倒入牛奶、火腿末再煮片刻即成。

【营养功效】此菜养身补虚，适合孕妇食用。

小贴士

葱煮后变黄，如果是宴客，可捞去不要。

炖奶鲫鱼

主料: 鲫鱼 400 克，火腿 15 克，笋 15 克，牛奶 250 毫升，豆苗 15 克。

辅料: 姜、香菇、料酒、葱、盐、糖各适量。

制作方法 ○•

1. 将首乌洗净，适量清水，小火煮 1 小时，取汁；鲤鱼剖腹，去内脏，洗净，剁块。

2. 锅内放食用油烧热，放入鲤鱼块煎至两面金黄色，铲出沥干油。

3. 将鲤鱼、首乌汁、姜片一起放入沙锅内，再加入适量开水，大火煲沸后，改用小火煲 30 分钟，调味即可。

【营养功效】何首乌含有很高的卵磷脂，能促进血细胞生成，能健脑补血，并能降血脂、强心，对疲劳的心脏作用更为显著。鲤鱼含有蛋白质、脂肪、钙、磷、铁、胱氨酸、组氨酸、谷氨酸、甘氨酸及多种维生素，是健脑益智的美味食品。

小贴士

湿热内盛、大便溏泻及有湿痰者不宜食用，痈疽疔疮、荨麻疹、皮肤湿疹等疾病者忌食。

首乌鲤鱼汤

主料: 鲤鱼 600 克，首乌 10 克。

辅料: 姜片、盐、鸡精各适量。

荜拨花椒鲤鱼汤

制作方法

1. 荜拨、花椒装入药袋；鲤鱼宰杀后去肠肚，洗净；姜切片；葱切花。

2. 鲤鱼与药袋一同放入沙煲，加生姜、料酒和适量水，大火煮沸后，小火煲至鲤鱼熟烂。

3. 取出药袋，加香菜、葱、盐调味即可。

主料: 鲤鱼 100 克。

辅料: 荜拨、花椒、姜、香菜、料酒、葱、盐各适量。

【营养功效】荜拨可以治头痛、鼻渊。

小贴士

鲤鱼很容易有肝吸虫或肺吸虫寄生其中，烹调时切记要煮熟，煮透

野葛菜生鱼汤

制作方法

1. 生鱼洗净，海带切段，加入适量清水，入煲煲煮。

2. 煲煮至八成熟，放野葛菜，煮沸，撒盐调味即成。

【营养功效】野葛菜能很好地改善脑微循环，增强免疫功能。

主料: 生鱼（黑鱼）650 克，野葛菜 250 克。

辅料: 海带、盐各适量。

小贴士

鱼胆含污物较多，故去鱼胆时不可将胆弄破。

香菇蒸甲鱼

制作方法

1. 甲鱼用滚水烫过，去掉表面衣膜，然后剖开，去除内脏，洗干净，斩成件；香菇浸透后切成片；陈皮切丝；姜切片；葱切段。

2. 将甲鱼用料酒、生抽、蚝油、盐、味精腌过，然后加入香菇、枸杞子、红枣、陈皮、姜片、葱段、食用油、淀粉一起拌匀。

3. 将拌匀后的甲鱼铺入盘中，放入蒸笼中蒸约30分钟即可。

【营养功效】甲鱼甲壳周围的结缔组织称"裙边"，是营养滋补最佳部分。

小贴士

幼甲鱼有毒，不可食，严重者可致人死亡。

主料： 甲鱼 500 克，香菇 30 克，枸杞子 10 克，红枣 10 克。

辅料： 陈皮、姜、葱、食用油、料酒、生抽、蚝油、盐、淀粉、味精各适量。

鱼羊炖时蔬

制作方法

1. 将鱼头汆水备用，羊肉馅加盐、料酒、鸡精、胡椒粉、鸡蛋、淀粉拌匀备用。

2. 将油菜心、白萝卜、香菜分别洗净切好备用。

3. 锅内倒少许油加热，放葱、姜丝煸炒一下，放入鱼头和少量料酒，加清水大火煮沸，放入白萝卜，挤入羊肉丸子，加盐、鸡精、胡椒粉调味，放入油菜心和粉丝煮熟，撒上香菜即可。

【营养功效】油菜为低脂肪蔬菜，且含有膳食纤维，能与胆酸盐和食物中的胆固醇及甘油三酯结合，并从粪便排出，从而减少脂类的吸收，故可用来降血脂。

小贴士

吃剩的熟油菜过夜后不能再吃，以免造成摄入亚硝酸盐过多，易引发癌症。

主料： 鱼头 250 克，羊肉馅 150 克，油菜心、白萝卜各 100 克。

辅料： 鸡蛋、粉丝、盐、料酒、姜、葱、香菜、胡椒粉、鸡精、淀粉、食用油各适量。

炸熘鳜鱼

主料: 鳜鱼 600 克, 瘦肉 25 克, 笋 25 克, 香菇 25 克。

辅料: 淀粉、盐、味精、葱、酱油、糖、醋、料酒、肉清汤、食用油各适量。

制作方法 ○‥•

1. 在鱼的两面切刀口, 猪瘦肉、笋、香菇、葱白均切成丁, 淀粉放碗内加水调制成水淀粉。

2. 炒锅烧油至六成热, 用水淀粉涂在鱼身及刀口内, 然后右手提着鱼尾, 浸入油锅内左右拖炸, 至淀粉结壳后再全部投入油锅, 炸 10 分钟。

3. 在鱼炸约 5 分钟时, 将另一炒锅放在大火上烧热, 放食用油, 先将葱白丁、笋丁、肉丁、香菇等下锅略煸, 再放入料酒、酱油、糖、盐、味精和肉清汤, 煮沸, 将醋、水淀粉调匀入锅勾成薄芡汁, 然后淋上熟油, 盛入碗内。

4. 将炸好的鳜鱼从油锅中捞起, 盛入长盘, 连同薄芡汁迅速上桌, 临食前将芡汁浇在鱼身上即成。

【营养功效】此菜可补五脏、益脾胃。

小贴士

　　鲜鱼剖开洗净, 在牛奶中泡一会儿既可除腥, 又能增加鲜味。

糖醋鲜鱼

主料: 鲫鱼 750 克, 洋葱 100 克。

辅料: 糖、白醋、淀粉、盐、番茄酱、料酒、葱、姜、淀粉、食用油各适量。

制作方法 ○‥•

1. 将鲫鱼清洗干净, 用料酒、葱段、姜片腌约 5 分钟入味, 擦干水分, 蘸上淀粉备用。

2. 锅中倒适量油烧热, 放入鱼肉炸至金黄色, 捞起, 盛入盘内。

3. 锅中留油烧热, 炒香洋葱丁, 再放入番茄酱、料酒、糖、白醋、盐煮沸, 用水淀粉勾芡, 淋在鱼上即可。

【营养功效】鲫鱼含动物蛋白和不饱和脂肪酸, 有助于降血压和降血脂, 使人延年益寿。

小贴士

　　鱼的表皮有一层黏液非常滑, 切起来不太容易。在切鱼时, 将手放在盐水中浸泡一会儿, 切起来就不会打滑了。

制作方法

1. 鳜鱼取净鱼肉切成长片，剩下的鱼肉和香菇、冬笋、马蹄、葱、姜、蒜均切成细丝。取蛋清兑淀粉调成稀糊，把鱼片和香菇、马蹄分别用盐、料酒、味精拌匀，腌上味。

2. 鱼片抹上蛋糊，将配料分成份放在鱼片的一端，卷成圆圈，煮沸油，先把鱼头尾滚上淀粉炸熟，捞出摆盘，将鱼卷滚上淀粉，下入油内炸到表面金黄色。

3. 锅内热油，下入葱、姜、蒜稍煸，加酱油、醋、糖、高汤、料酒，开时勾水淀粉，注入沸油，待汁翻大泡时烧在鱼卷上即可。

【营养功效】鳜鱼肉热量不高，富含抗氧化成分，对于贪恋美味又怕肥胖的女士是极佳的选择。

小贴士

吃过鱼后，口里有味时，嚼上三五片茶叶，立刻口气清新。

糖醋鳜鱼卷

主料: 鳜鱼 1500 克，香菇 50 克，马蹄 50 克，冬笋 50 克，鸡蛋 4 个。

辅料: 高汤、食用油、醋、糖、淀粉、葱、姜、蒜、料酒、酱油、盐、味精各适量。

制作方法

1. 草鱼去骨、皮，鱼肉剁成泥状放于汤碗中，加盐、味精、胡椒粉、油、淀粉边搅拌边倒入适量清水，再加打匀的鸡蛋清拌匀；香菇泡软去蒂；豌豆苗摘取嫩心；胡萝卜去皮切块。

2. 将鱼球放进开水中烫熟，捞出冲泡冷水，备用。

3. 锅中倒入高汤、香菇和胡萝卜煮开，再放进鱼球和盐、味精、胡椒粉、豌豆苗煮熟即可。

【营养功效】增强人体免疫力，促进新陈代谢。

小贴士

草鱼要新鲜，煮时火不能太大，以免把鱼肉煮散。

香菇鱼球汤

主料: 草鱼 600 克，香菇 75 克，豌豆苗 75 克，胡萝卜 30 克，鸡蛋清 120 克。

辅料: 盐、味精、高汤、胡椒粉、食用油、淀粉各适量。

金针熏鱼

主料: 草鱼 750 克, 黄花菜 100 克。

辅料: 淀粉、姜、酱油、料酒、盐、食用油、味精、香菜、香油各适量。

制作方法

1. 草鱼宰杀洗净, 黄花菜去蒂, 姜切粒。

2. 锅内放食用油烧热, 把草鱼煎至两面金黄色, 加入料酒、姜、黄花菜、盐、味精、酱油和水煮熟盛入盘中。

3. 洗净炒锅, 放食用油, 将水淀粉、香油、调成芡汁淋在鱼上, 加香菜即成。

【营养功效】草鱼含有丰富的硒元素及不饱和脂肪酸, 有健脾开胃之效。

小贴士

在这道菜中草鱼也可以用鲫鱼代替。

蒜子煮甲鱼

主料: 甲鱼 500 克。

辅料: 蒜子、生姜、葱、香油、清汤、食用油、干辣椒、鸡精、盐、味精、胡椒粉、料酒各适量。

制作方法

1. 甲鱼宰杀洗净切块, 生姜切片, 葱切段, 蒜切去两头, 干辣椒切碎。

2. 烧锅放食用油, 放入姜片、干辣椒、蒜、甲鱼煸炒, 加入料酒。

3. 加入清汤、盐、味精、胡椒粉、鸡精, 用中火煮至甲鱼熟透, 汤汁奶白时加入葱段, 淋入香油即成。

【营养功效】此菜可降低血胆固醇, 补劳伤, 大补阴之不足。

小贴士

凡脾虚、胃口不好、产后泄泻者均不宜食用甲鱼, 以防食后肠胃不适。

翠竹粉蒸鱼

1. 将鱼宰杀洗净，切成长方形块，再用水清洗一下，沥干。

2. 加豆瓣酱、五香粉、甜面酱、花椒粉、盐、糖、白醋、料酒、味精、香油、辣椒油、葱、姜末拌匀。

3. 加入熟五香米粉、油拌匀，腌5分钟，放入翠竹筒，盖上筒盖，上笼蒸20分钟取出成。

【营养功效】鮰鱼皮富含胶质，多食具有抗衰老的功效。

小贴士

　　此菜选用新鲜的翠竹筒，盛鱼后密封蒸之，既保留了粉蒸鱼的传统风味，又增加了翠竹本身的淡淡清香。

主料：鮰鱼750克，熟五香米粉100克。

辅料：豆瓣酱、五香粉、甜面酱、白醋、料酒、香油、辣椒油、花椒粉、盐、糖、味精、葱、姜各适量。

白果炒鱼花

1. 白果泡发；草鱼肉剞十字花刀切丁，先用碱水浸泡片刻，再用清水冲净，加盐、味精、料酒、鸡蛋清、淀粉抓匀稍腌，同水发白果一起放食用油中稍炸。

2. 锅内留底油烧热，加葱、姜烹出香味，加入芹菜末稍炒。

3. 加入料酒、盐、味精，用水淀粉勾芡，加入鱼丁、白果、黑木耳翻炒，淋熟油后出锅。

【营养功效】白果富含核蛋白、粗纤维及多种维生素，具有通畅血管、增强记忆力的功效，还可抗衰老，使人容光焕发。

小贴士

　　白果含有少量氰化物，不可长期大量食用，以免中毒。

主料：草鱼200克，白果70克，黑木耳75克，芹菜50克。

辅料：鸡蛋清、葱、姜、淀粉、碱、食用油、盐、味精、料酒各适量。

砂蔻蒸鱼

主料: 草鱼 500 克, 砂仁 10 克, 豆蔻 10 克, 党参 10 克, 白术 10 克。

辅料: 姜、葱、盐、料酒、味精各适量。

制作方法

1. 将砂仁、豆蔻、党参和白术烘干研成粉末, 葱切葱花, 姜切片。

2. 草鱼宰杀洗净, 用刀在鱼身划几刀。

3. 用盐、料酒、味精和药粉均匀地涂抹鱼身内外, 将姜片、葱段放入鱼腹内, 上笼蒸约 40 分钟即可。

【营养功效】草鱼含有丰富的不饱和脂肪酸, 对血液循环有利, 是心血管病人的良好食物; 含有丰富的硒元素, 经常食用有抗衰老、养颜的功效, 而且对肿瘤也有一定的防治作用。

小贴士

草鱼与青鱼、鳙鱼、鲢鱼并称中国四大淡水鱼。

茄子蒸鱼片

主料: 草鱼 300 克, 茄子 500 克。

辅料: 盐、水淀粉、食用油、鸡精、味精、红椒、胡椒粉各适量。

制作方法

1. 将草鱼洗净, 斩去头尾, 取其净肉, 片成大片。

2. 鱼片加盐、味精、鸡精、胡椒粉、水淀粉拌匀备用。

3. 茄子切条状, 用油氽熟, 摆于盘中垫底, 将鱼片摆放于茄子上, 撒红椒段, 上笼蒸熟, 取出淋熟油即可。

【营养功效】茄子含有多种矿物质, 与鱼同烹具有清热解毒、活血、消肿、暖胃和中之功效。

小贴士

上笼蒸时, 掌握火候, 不宜蒸得太老。

西洋菜生鱼汤

制作方法

1. 生鱼整条杀好洗净，斩成大块；海带洗净切段，加入适量水。

2. 锅内放食用油烧沸，放姜片，投入生鱼块煎至金黄色。

3. 加水烧沸，然后将海带、西洋菜放入同煮约30分钟，放盐、味精调味即成。

【营养功效】西洋菜具有清燥润肺、化痰止咳、利尿等功效，是益脑健身的保健蔬菜。

小贴士

　　海带清洗前，应用清水浸泡3小时，以去除杂质。

主料: 生鱼（即黑鱼）500克，西洋菜250克。

辅料: 海带、食用油、盐、味精、姜各适量。

清蒸鲈鱼

制作方法

1. 把鱼宰杀好洗净，两面均匀切花刀；把姜、葱切成斜刀片，另取部分姜、葱切成丝。

2. 将处理好的鲈鱼放在大盘里，鱼身上铺上姜、葱片，入蒸笼大火蒸15分钟取出，拣去葱、姜片。

3. 将姜、葱丝撒在鱼身上，另取锅将油烧至八成热，淋在鱼身上，再往盘中倒入酱油即可。

【营养功效】鲈鱼能益脾胃，补肝肾。

小贴士

　　秋末冬初，成熟的鲈鱼特别肥美。

主料: 鲈鱼750克。

辅料: 酱油、食用油、葱、生姜各适量。

郊外大鱼头

主料: 鳙鱼头 500 克, 嫩豆腐 250 克, 炸大蒜、猪肉丝各 75 克, 小白菜 400 克。

辅料: 高汤、香菇、淀粉、料酒、蚝油、老抽、姜丝、盐、味精、糖、食用油、香油各适量。

制作方法

1. 鱼头洗净, 涂抹盐水, 蘸上淀粉。锅放食用油烧热, 放入鱼头炸至鱼头轻浮脆香, 捞起, 把油倒回油盆。

2. 将炒锅放回火上, 下猪肉丝、姜丝、炸大蒜、香菇丝, 爆至有香味, 烹料酒, 加清水、豆腐、鱼头略煸一下, 加入糖、蚝油、味精和盐再焖至发出香味, 捞起。

3. 将沙锅置于大火上, 放食用油, 放入小白菜, 加盐、高汤, 煮至九成熟, 倒入漏勺去汤水。将炒锅放回炉上, 放食用油, 放入小白菜, 用水淀粉勾芡, 取出放在鱼头四周, 将沙锅里的原汁倒在炒锅里, 加老抽, 用水淀粉调稀勾芡, 最后加香油和油拌匀, 淋在鱼头上即成。

【营养功效】 鳙鱼属高蛋白、低脂肪、低胆固醇鱼类, 对心血管系统有保护作用。

小贴士

原汤烧至微沸时, 缓慢而均匀地推入芡液, 可防止淀粉结块。

清烩鲈鱼片

主料: 鲈鱼 750 克, 马蹄 100 克, 黑木耳、韭黄各 30 克, 鸡蛋清 80 克。

辅料: 料酒、盐、水淀粉、葱、姜、香油、食用油各适量。

制作方法

1. 鲈鱼杀好洗净, 取肉, 骨煲汤备用; 韭黄切段; 黑木耳切小片; 马蹄切片; 姜、葱切末。

2. 将鱼肉切成片, 加料酒、盐、鸡蛋清、水淀粉拌匀上浆。锅内放食用油烧热, 放入鱼片滑油, 至鱼片呈乳白色时倒出沥油。

3. 原锅仍置火上, 留底油, 放入葱、姜末煸香, 再放入韭黄段及其他配料煸炒, 加入鲈鱼骨浓汤, 加料酒、盐煮沸, 倒入鱼片, 用水淀粉勾芡, 淋入香油即成。

【营养功效】 此菜可健脾, 补气, 益肾, 安胎。

小贴士

此菜需大火煮沸片刻后加入水淀粉勾芡。

制作方法

家常熬鱼

1. 将鲅鱼宰净,斜刀片成马蹄形块,放开水一氽,捞出沥水。

2. 锅内放食用油,加甜面酱炒熟并散开,再依次加入清汤、料酒、醋、酱油、葱、姜、花椒、大料、鱼块,用小火焖熟,捞出鱼块放在盘内。

3. 去掉花椒、大料,加香菜、味精,滴上香油即可。

【营养功效】鲅鱼含丰富蛋白质、维生素A、矿物质等营养元素。

小贴士

　　炒面酱时锅要滑,宜用小火,炒散炒熟,去掉生面酱味。

主料: 鲅鱼 750 克。

辅料: 清汤、甜面酱、葱、料酒、酱油、醋、香油、味精、大料、香菜、姜、盐、花椒、食用油各适量。

制作方法

炒黑鱼球

1. 将黑鱼洗净,去内脏、骨、头、皮,鱼肉切花刀,再切成方块。

2. 鱼块用蛋清、盐、淀粉、香油、白胡椒粉拌匀,放入温油里炸,用手勺搅动,不使相互黏连,待油热将其倒出。

3. 将油菜心落锅里炸一下,并加入少许料酒、盐、香油、白胡椒粉、味精、糖、上汤,然后将鱼放入同炒,以水淀粉勾芡,出锅即可。

【营养功效】黑鱼肉中含蛋白质、脂肪、氨基酸等,具有通利小便、祛湿的作用。

小贴士

　　原料的各部分受热不均,会使成品发生半生半老、外脆里不脆的现象。

主料: 黑鱼、油菜心各 150 克。

辅料: 鸡蛋,淀粉、香油、料酒、上汤、白胡椒粉、盐、糖、味精、食用油各适量。

炒醋鱼块

主料： 鳙鱼 500 克。

辅料： 糖、料酒、酱油、醋、葱、姜、香油、淀粉、食用油各适量。

制作方法

1. 将鳙鱼宰杀洗净，片取净鱼肉切成长条块。

2. 锅内放食用油烧热，放葱段略煸，放鱼块稍加翻炒，加料酒、酱油、糖和水，大火煮沸。

3. 移至小火上，加醋、姜末，用水淀粉调稀勾芡，淋上香油即可。

【营养功效】此菜可延缓衰老、润泽皮肤。

小贴士

醋不要放太多，否则会影响口感。

浓汤裙菜煮鲈鱼

主料： 鲈鱼 500 克，山药 200 克，裙带菜 100 克，枸杞子 10 克。

辅料： 食用油、葱、姜、盐、糖各适量。

制作方法

1. 将山药洗净去皮切块；裙带菜洗净；枸杞子用清水泡好；鲈鱼去头去骨，鱼肉切成片。

2. 锅内倒入食用油加热，放入葱段、姜片、鱼头、鱼骨炒一下，倒入水，放入山药，大火烧开成奶白色，放入裙带菜稍炖几分钟，加入盐、糖调味，转至小火。

3. 将鱼头、鱼骨、山药、裙带菜捞出放入碗中，将枸杞子连同泡的水一起倒入锅中，放入鱼肉片烫熟，连汤一起倒入碗中即成。

【营养功效】裙带菜富含碘、膳食纤维和多种不饱和脂肪酸等，具有补血、乌发之效。

小贴士

平素脾胃虚寒、腹泻便溏者忌食此菜。

红烧鱼头

1. 取一容器，将鱼头洗净后放入，加入姜片、葱段、白酒、盐、鸡精腌渍 10~20 分钟；红椒切成丝备用。

2. 锅内倒入适量油，待油温七成热时放入鱼头煎成两面微黄取出，原锅中放入葱、姜煸炒，加入辣酱、鸡精、糖，倒入适量开水，烧开后再放入鱼头中火炖 10~15 分钟。

3. 炖好后将鱼头取出，汤中加入白酒、水淀粉勾芡，淋在鱼身上，撒上葱花、红椒丝即可。

【营养功效】鳙鱼头富含人体必需的卵磷脂和不饱和脂肪酸，有降低血脂、健脑之效。

小贴士

　　煎鱼用小火，煎出的鱼异常香脆，且不易煳底。

主料： 鳙鱼头 500 克。

辅料： 红椒、白酒、辣酱、淀粉、葱、姜、盐、鸡精、糖、食用油各适量。

菠菜生姜鱼头汤

1. 将菠菜洗净，切成段；生姜洗净切片；瘦肉洗净，切成片；鱼头一剖为二。

2. 将上述材料放入煲内加水煲煮 1 小时，加入盐、味精调味即成。

【营养功效】菠菜含有丰富的叶酸和铁，女性特别是孕妇食之最宜。

小贴士

　　做菠菜时，先将菠菜用开水烫一下，可除去大部分的草酸。

主料： 鳙鱼头、菠菜各 500 克。

辅料： 姜，瘦肉，盐、味精各适量。

香菜豆腐鱼头汤

主料: 鳙鱼头500克, 豆腐2块, 香菜250克。

辅料: 盐、食用油各适量。

制作方法

1. 将香菜切开数段; 将鱼头剁开, 煎香。

2. 煎透后, 加入豆腐再煎。

3. 把豆腐切碎, 加水煮至奶白色, 加香菜, 盐调味即可。

【营养功效】香菜有消食开胃、止痛解毒的功效。

小贴士

香菜因其嫩茎和鲜叶具有特殊香味, 常用来给菜肴的提味, 如做鱼时放些香菜, 鱼腥味便会淡化许多。

白汤鲫鱼

主料: 鲫鱼600克, 熟笋片50克, 熟火腿片、水发香菇各25克。

辅料: 料酒、盐、味精、葱、姜、食用油各适量。

制作方法

1. 将鲫鱼洗净, 在鱼脊背两侧剞斜十字刀花。

2. 锅内放食用油烧热, 将鱼放入两面略煎, 加料酒、葱结、姜片和清水, 煮沸。

3. 撇去浮沫, 盖上锅盖, 改小火煮到汤色乳白时, 再改大火, 加盐、味精、火腿片、笋片、香菇烧2分钟离火即成。

【营养功效】鲫鱼含丰富的蛋白质及钙、磷、铁等成分, 具有益气健脾、利水消肿之功效。

小贴士

煮鲫鱼汤的时候一定要加入冷水, 否则煮出的鲫鱼汤不会成为标准的"奶汤"。

制作方法

1. 鲫鱼宰杀，洗净，斜切下鲫鱼的头和尾，同鱼身一起装入盘中，加料酒和葱、姜，上笼蒸 10 分钟取出，头尾和原汤不动，用小刀剔下鱼肉。

2. 在汤碗内将蛋清打散，放入鱼肉、鸡汤、鱼肉原汤，加入盐、味精搅匀。

3. 将鸡蛋糊一半装入汤碗，上笼蒸至半熟取出，另一半再倒在半熟的鸡蛋糊面，上笼蒸熟，即为芙蓉鲫鱼。同时把鱼头、鱼尾蒸熟，将芙蓉鲫鱼和鱼头鱼尾取出即成。

【营养功效】鲫鱼可治疗口疮、腹水、水乳等症。

小贴士

鲫鱼不可久蒸，以 10 分钟为佳，蒸的时间过长，肉死刺软，不易分离，鲜味尽失。

芙蓉鲫鱼

主料：鲫鱼 500 克。

辅料：葱、盐、味精、鸡汤、姜、料酒、鸡蛋各适量。

制作方法

1. 将鱼洗净，在鱼身两面各剖两刀，抹上料酒、盐稍腌。

2. 炒锅上大火，放食用油烧至七成热，下鱼稍炸捞起。

3. 锅内留油，放豆瓣酱末、姜、蒜炒至油呈红色，放鱼、肉汤，改小火，再加酱油、糖、盐，将鱼烧熟，盛入盘中。原锅置大火上，用水淀粉勾芡，淋醋，撒葱花，浇在鱼身上即成。

【营养功效】此菜益气健脾，利水消肿，清热降毒，通脏下乳，理气散结，升清降浊。

小贴士

烹制时卤汁要浓厚，使鱼沾匀卤汁而入味。

豆瓣鲤鱼

主料：活鲤鱼 600 克。

辅料：蒜、葱、姜、料酒、淀粉、豆瓣酱、肉汤、食用油、酱油、糖、醋、盐各适量。

党参炖黄鳝

主料: 黄鳝 150 克, 党参 25 克, 黄芪 25 克。

辅料: 蒜、大料、盐各适量。

1. 黄芪、党参、鳝肉、大蒜、大料均洗净。

2. 鳝肉用开水烫去血渍, 沥干水, 入炖盅, 蒜去衣, 同大料一起打碎, 与黄芪、党参同放入炖盅, 加开水 1 碗, 隔水炖 3 小时, 煮好后加盐调味即成。

【营养功效】此菜可补中益血, 治虚损。

小贴士

　　黄鳝肉味鲜美, 骨少肉多, 可炒、可爆、可炸、可烧, 如与鸡、鸭、猪等肉类清炖, 其味更加鲜美, 还可作为火锅原料之一。

炖鳝酥

主料: 黄鳝 1250 克, 五花肉 75 克。

辅料: 料酒、酱油、肉清汤、蒜、食用油、糖、葱、姜各适量。

制作方法

1. 将黄鳝宰杀, 切块, 洗净; 猪肉切片。

2. 锅内放食用油烧热, 放入鳝块, 炸至金黄色, 用漏勺捞出。

3. 将鳝块、肉片、姜片、葱白段、蒜末、酱油同放沙锅中, 加入肉清汤, 加料酒煮沸, 加糖, 盖上锅盖, 改小火炖至鳝肉酥烂即可。

【营养功效】黄鳝含丰富的维生素 A, 能增进视力、促进人体新陈代谢。

小贴士

　　黄鳝本身比较黏, 洗的时候放一点盐会比较容易洗。

红烧鳝片

制作方法

1. 将黄鳝宰杀洗净，切成 4 厘米长的片至颔下止。

2. 将笋干切片，紫苏叶切碎，蒜切小薄片，姜切细丝。

3. 炒锅置大火烧茶油至六成热，将鳝片下锅煸炒至表面略焦，倒出沥油。炒锅置大火烧猪油至六成热，下蒜片略炸，放入笋干、鳝片、料酒、酱油、盐、醋、姜丝，再加入肉汤烧 1 分钟，加紫苏叶、味精，用水淀粉勾芡，盛入盘，淋入香油，撒上胡椒粉即成。

【营养功效】黄鳝营养丰富，富含人体所必需的蛋白质、脂肪、钙、磷、铁及维生素 A、B 族维生素等，其中钙、铁在淡水鱼中含量第一。

小贴士

一般人均可食用，体质过敏、瘙痒性皮肤者忌食鳝鱼。

主料：活黄鳝 1000 克，水发笋干 50 克。

辅料：蒜、鲜紫苏叶、姜、酱油、淀粉、料酒、肉汤、醋、茶油、猪油、胡椒粉、香油、味精、盐各适量。

水煮黄鳝

制作方法

1. 将黄鳝宰杀洗净斩成段，竹笋汆水至熟，取出漂洗后切成滚刀块。

2. 锅内放食用油烧热，下入黄鳝段，滑至七成熟，倒入漏勺，沥净油。

3. 锅中放食用油，投入蒜片煸出香味，再放姜片、葱段煸香，下黄鳝段和竹笋块，加料酒、味精、酱油、盐、糖和水，烧开后加盖稍焖，大火收汁，用水淀粉勾芡，淋香油即可。

【营养功效】黄鳝的头能治疗积食不消，头骨烧之，内服止痢；皮可用于治乳房肿痛；骨可治疗虚劳咳嗽。

小贴士

糖尿病患者若按照该食谱制作菜肴，请将调料中的糖去掉。

主料：黄鳝 500 克，竹笋 200 克。

辅料：料酒、味精、酱油、食用油、盐、糖、葱、姜、蒜、香油、淀粉各适量。

韭菜花炒鱿鱼

主料: 鲜鱿鱼 450 克, 韭菜花 250 克, 熟肚片 80 克, 胡萝卜 100 克。

辅料: 蒜、姜、食用油、料酒、盐、淀粉、糖、香油、胡椒粉各适量。

制作方法

1. 姜、胡萝卜切花片, 韭菜花切段, 肚片浸软切片刻十字斜痕, 鱿鱼去骨, 外膜切花片备用。

2. 鱿鱼加料酒、盐、淀粉、糖、香油、胡椒粉, 腌渍 10 分钟, 放沸水中烫至卷起, 取出过冷水。

3. 炒锅下油烧热, 放韭菜花加适量盐、水稍炒后铲起。下油爆香姜、蒜、胡萝卜, 加肚片、鱿鱼拌炒, 再下韭菜花稍拌即成。

【营养功效】食用此菜可预防贫血。

小贴士
烧好的韭菜隔夜不宜再吃。

鲜炒鱼片

主料: 鲻鱼 450 克, 黄瓜 25 克, 香菇 10 克, 番茄 25 克, 鸡蛋清 40 克。

辅料: 牛奶、米醋、料酒、鸡油、葱、淀粉、食用油、盐、味精、姜各适量。

制作方法

1. 将鲻鱼肉切成斜块, 沥干水分, 加入盐、牛奶搅匀, 放入蛋清、淀粉浆好; 番茄、黄瓜、香菇分别切成斜块。

2. 锅内放入食用油烧热, 将鱼块放入滑散炸透, 放入黄瓜、香菇、番茄稍炒, 倒出沥油。

3. 将原料回锅, 放入葱、姜末, 加入料酒、米醋, 放入盐、味精颠炒均匀, 淋入鸡油即可。

【营养功效】食用鲻鱼有补虚、健脾胃的功效。

小贴士
冬至前的鲻鱼特别肥美。

制作方法 ○ •

1. 将鱼洗净沥水，两侧剞一字形花刀，放入开水锅中，连同拍破的葱、姜和料酒、盐一并投入，以小火煮至熟透盛盘。

2. 把炒锅烧热注油，下入葱丝、姜丝、蒜和香菇丝、辣椒丝稍炒，倒入清水，再加糖、醋、料酒、酱油、盐、味精，以水淀粉勾芡。

3. 芡起泡时，加一点热油搅匀浇在鱼上，撒上洗净的香菜即可。

【营养功效】此菜营养丰富全面，蛋白质含量很高，可润泽肌肤和乌发。

小贴士

在切辣椒时，先将刀在冷水中蘸一下，再切就不会辣眼睛了。

五柳鱼

主料： 鲫鱼 300 克，辣椒丝、香菇丝各 50 克。

辅料： 食用油、酱油、醋、料酒、盐、蒜、淀粉、糖、香菜、葱、姜、味精各适量。

制作方法 ○ •

1. 鲈鱼去骨和头尾，鱼肉片成 2 片，其中一片切薄片，另一片切长方形。

2. 苦瓜去头尾，中间塞紫菜、胡萝卜，切成片，蒸 18 分钟。鱼片卷紫菜、火腿、芦笋，用葱丝绑好，共卷 10 片，蒸熟摆盘。

3. 鸡蛋蒸熟，苦瓜卷、鱼肉卷放在蒸蛋上。高汤和淀粉勾芡，浇在卷上即可。

【营养功效】苦瓜所含的苦味能增进人的食欲，具有健脾开胃之效。

小贴士

夏季最佳凉菜，苦中清甜，有清热解毒之功效。

苦中作乐

主料： 鲈鱼 1500 克，苦瓜 400 克，芦笋 100 克，紫菜 2 张，胡萝卜 20 克，火腿片 10 克，鸡蛋 6 个。

辅料： 盐、淀粉、高汤、葱各适量。

椒盐鱼条

主料: 大黄鱼 1000 克, 鸡蛋 2 个, 面粉 100 克。

辅料: 盐、椒盐、料酒、葱、姜、食用油、猪油各适量。

制作方法

1. 大黄鱼片取净肉 2 片, 切成条放入碗里, 下盐、椒盐、料酒、葱姜末腌渍 30 分钟。

2. 鸡蛋、面粉搅成蛋面糊, 再加猪油搅匀。

3. 锅内放食用油烧热, 将腌渍过的鱼条逐一挂蛋面糊, 下锅炸至金黄捞起, 再用冷油淋一下, 装盘即成。

【营养功效】小麦面粉具有消烦止渴、养心益肾、健脾开胃的功效。

小贴士

做蛋面糊时要加猪油才能使糊面光滑。

炖黄鱼

主料: 大黄鱼 500 克, 牛肉 50 克, 笋干 15 克, 口蘑 15 克。

辅料: 香菜、食用油、香油、酱油、料酒、醋、糖、味精、葱、姜、蒜、大料、花椒各适量。

制作方法

1. 将净鱼两面剞入斜刀, 牛肉切片, 笋干切片, 香菜切成段。

2. 将炒锅置火上, 放入食用油, 中火烧至六成热时, 放入黄鱼稍炸, 捞出沥油。

3. 原炒锅置火上, 放入食用油烧热, 投入大料、葱段、姜片、蒜片炒出香味, 加入料酒、米醋、糖、口蘑、笋干片、汤, 将黄鱼放入用小火煨炖。

4. 另锅置火上, 放入香油, 把牛肉片下入煸炒, 加入姜末、蒜末炒透放入鱼锅内, 然后锅上大火收汤汁, 加味精, 将鱼出锅放入盘内, 撒上香菜段, 再炸出花椒油, 浇在鱼上即成。

【营养功效】黄鱼含有丰富的蛋白质、微量元素和维生素, 对人体有很好的补益作用。

小贴士

服用补药和中药白术、丹皮时, 不宜服用香菜, 以免降低补药的疗效。

葱炕草鱼段

制作方法

1. 将草鱼宰杀洗净，切成4段；大葱去皮，洗净，切长段。

2. 锅内放入食用油烧热，将草鱼段下入锅略煎一下，两面呈金黄色时取出。

3. 将原锅余油烧热，下入葱段煸炒，待葱色变黄、溢出浓香味，把鱼段放回锅中，加入料酒、酱油、盐、糖和清汤，用大火煮沸后加盖，改用小火焖至鱼体变软、肉酥、香味扑鼻时揭盖，改用大火收汁，见汤汁减少转浓时，加入味精和醋，淋上香油，颠翻均匀即成。

【营养功效】草鱼是开胃的好食材，含有抗氧化的硒，食欲不佳者宜多食。

小贴士

摆盘时适当加上色彩鲜艳的时蔬，既美观又能引起食欲。

主料：草鱼500克，大葱200克。

辅料：食用油、酱油、糖、料酒、盐、清汤、味精、醋、香油各适量。

鱼片蒸豆腐

制作方法

1. 将鱼切片，豆腐切大片，姜、葱切丝。

2. 把豆腐摆入碟内，鱼片摆放在豆腐上，撒上姜丝。

3. 蒸锅烧开水，放入盛豆腐、鱼片的碟，用中火蒸8分钟后取出，撒上葱丝，烧沸油，淋在上面，然后加入生抽即可。

【营养功效】此菜可补中益气、清热润燥、生津止渴、清洁肠胃。

主料：鱼肉100克，豆腐200克。

辅料：姜、葱、食用油、生抽各适量。

小贴士

烹制鱼肉不需放味精，否则容易抢去鱼肉本身的鲜味。

黄鱼烧豆腐

主料: 豆腐 2 块，黄鱼 150 克。

辅料: 葱、料酒、酱油、糖、盐、味精、姜、食用油、淀粉各适量。

制作方法

1. 豆腐切成条，下入七成热油中炸透，呈金黄色时倒入漏勺；黄鱼洗净切成段；大葱切成 3 厘米长的段备用。

2. 原锅留适量底油，下入黄鱼煸炒至变色，放入葱段、姜末爆香。

3. 烹料酒，加入酱油、糖、盐，添清水，下入炸好的豆腐条烧至入味，加味精，用水淀粉勾芡，淋明油，出锅装盘即可。

【营养功效】黄鱼热量较高，具有增肥丰体的作用，能补充人体所需的蛋白质。

小贴士

黄鱼的鳔有润肺健脾、补气活血的功能。

草鱼豆腐汤

主料: 草鱼 500 克，豆腐 250 克，青菜心 300 克。

辅料: 胡椒粉、盐、味精、料酒、姜、葱、食用油、鲜汤各适量。

制作方法

1. 草鱼去鳞、鳃，洗净去骨，切厚片。

2. 豆腐洗净，切厚片；青菜心洗净，切整齐。

3. 炒锅上火，放食用油烧热，下入葱段、生姜片煸炒几下，加入料酒、鲜汤、盐、胡椒粉及豆腐烧开，放入青菜心、草鱼片煮 1 分钟即成。

【营养功效】豆腐含有碳水化合物、蛋白质、铁、磷、钙，能健脑益智、健脾消肿。

小贴士

此汤尤其适合脑力工作者及经常加班者饮用。

石湾鱼腐

制作方法

1. 取鲮鱼肉剁烂，放盐拌至起胶，放淀粉、鸡蛋清、清水搅拌成糊状备用。

2. 油烧至近沸，把锅端离火，用手把鱼肉挤成汤圆状落锅，待鱼丸浮起后把油锅放回火上，捞出鱼丸。油菜心在上汤中滚熟，捞起放在碟上铺好。

3. 把炸好的鱼丸放入锅内，放些汤或水，加入盐、葱、姜，用芡汁勾芡，盛放在菜上即成。

【营养功效】鲮鱼富含蛋白质、维生素A、钙、镁等营养元素，有利尿、祛湿消肿作用。

小贴士

体质虚弱，气血不足，营养不良者宜食。

主料: 鲮鱼 500 克，鸡蛋清 200 克，油菜心 250 克。

辅料: 淀粉、食用油、料酒、上汤、盐、葱、姜各适量。

干贝蘑菇汤

制作方法

1. 将干贝剔去筋，洗净后放入碗内，加清水适量，上笼蒸 20 分钟，取出撕成丝。

2. 炒锅上火，放食用油烧热，下葱花、姜末煸炒，加鲜汤、料酒、干贝、蟹味菇、盐、味精，用小火炖 10 分钟。

3. 淋上香油，装入汤碗即成。

【营养功效】蟹味菇含有的真菌多糖、嘌呤、腺苷能增强免疫力，促进抗体形成抗氧化成分。

小贴士

过量食用干贝会影响肠胃的运动消化功能，导致食物积滞，难以消化吸收。

主料: 蟹味菇 250 克，干贝 20 克。

辅料: 葱、姜、鲜汤、料酒、盐、味精、香油各适量。

酸菜煮黄鳝

主料: 黄鳝 400 克,酸菜 150 克。

辅料: 青椒、食用油、豆瓣酱、火锅底料、干辣椒、红油、姜、蒜、鲜汤、盐、味精适量。

制作方法

1. 将黄鳝切成金钱片,酸菜洗净切成片,青椒切片,干椒切段。

2. 锅内放食用油,放姜末、蒜末、干椒段煸香,加入火锅底料、豆瓣酱、黄鳝翻炒均匀,倒入鲜汤。

3. 放入酸菜、青椒片,加盐、味精调味,淋红油,出锅装入汤碗内即可。

【营养功效】黄鳝中的钙、铁在淡水鱼中含量第一。

小贴士

体质过敏、瘙痒性皮肤者慎食此菜。

黄鳝辣汤

主料: 黄鳝肉 50 克,鸡肉 50 克,鸡蛋 1 个,面筋 15 克。

辅料: 水淀粉、胡椒粉、味精、酱油、陈醋、葱、姜、香油、盐、鸡汤各适量。

制作方法

1. 将黄鳝肉洗净切成丝,鸡肉切成丝,面筋切成条,姜切成丝,鸡蛋打入碗中搅匀。

2. 锅中放入鸡汤 500 毫升烧开,放入黄鳝丝、鸡肉丝、面筋条,加入酱油、陈醋、姜丝、盐煮沸,打入鸡蛋成花,加入水淀粉勾芡。

3. 撒上胡椒粉、味精、香油、葱花即成。

【营养功效】此汤温中补虚,鲜而辣,适用于冬季不良而致的胃脘冷痛、乏力头晕等。

小贴士

黄鳝动风,有瘙痒性皮肤病者忌食。

石湾鱼腐

制作方法

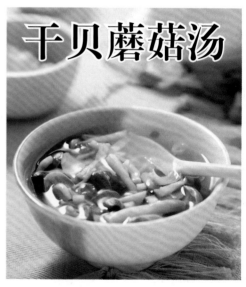

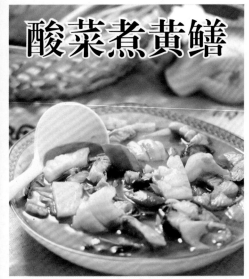

小贴士

制作方法

1. 锅中放食用油，加糖、葱丝炒香梅菜，盛起备用。鱼尾洗净备用。

2. 将老抽、盐加入梅菜中，拌匀。

3. 将鱼尾、姜条、梅菜同蒸 10 分钟，蒸好后撒胡椒粉，淋上热熟油即成。

【营养功效】此菜含有丰富的营养物质，铁、钙等含量亦丰富。

小贴士

　　蒸鱼时先将葱放在盘上后再放上鱼尾，再用筷子垫着鱼尾，可使其受热均匀，较易蒸熟。

梅菜蒸鱼尾

主料： 鱼尾 500 克，梅菜 150 克。

辅料： 姜、葱、食用油、糖、老抽、盐、胡椒粉各适量。

制作方法

1. 将黑豆洗净蒸熟备用。

2. 将鱼切片洗净，姜切片备用。

3. 将蒸好的黑豆放入小锅子中煮，加入鱼片、姜片、茴香粉、盐、料酒料煮约 8 分钟，至鱼肉熟透淋上香油即可。

【营养功效】黑豆蛋白质含量居所有豆类之冠，具有补肾益精和润肤乌发的作用。

小贴士

　　黑豆有解药毒的作用，同时亦可降低中药功效，故正在服中药者忌食黑豆，肠热便秘者少食。

黑豆煮鱼

主料： 鱼肉 500 克，黑豆 100 克。

辅料： 姜、盐、茴香粉、香油、料酒、葱各适量。

酸辣鳝丝汤

主料： 黄鳝 100 克，瘦肉 50 克，青椒、红椒、番茄各 1 个。

辅料： 猪油、葱、姜、米醋、香菜、胡椒粉、味精、盐、鸡汤、料酒各适量。

制作方法

1. 黄鳝切丝，瘦肉切丝，青椒、红椒洗净切丝，番茄洗净切薄片。

2. 锅内下猪油，放入鳝丝、肉丝、青椒丝、红椒丝和番茄片煸炒，放料酒，加鸡汤，下葱、姜，加盖煮沸，用中火煮 15 分钟。

3. 加盐、味精、胡椒粉，将米醋倒入其中，撒上香菜即可。

【营养功效】黄鳝具有补气养血、健脾益肾、除淤祛湿之功效。

小贴士

黄鳝中所含的"黄鳝鱼素"能降低血糖和调节血糖，对防治糖尿病有良好的功效。

薏米节瓜黄鳝汤

主料： 黄鳝 250 克，节瓜 1 条。

辅料： 姜、薏米、芡实、香菇、盐、味精各适量。

制作方法

1. 刮净节瓜之青皮，洗净，切成大块；姜、薏米、香菇、芡实洗净。

2. 黄鳝剖洗干净，斩成段，在开水锅内稍煮捞起过冷水。

3. 把全部材料放入开水锅内，大火煮沸，小火煲 1 小时，加盐、味精调味即可。

【营养功效】此汤清热祛湿，适用于夏季湿热而致的两脚麻木、手足拘挛、痿软无力、红肿酸痛、小便短赤、湿热下注之带下、湿疹者饮用。

小贴士

薏米含有丰富的 B 族维生素，对防治脚气病十分有益。

西芹银芽拌鳝丝

制作方法 ○•

1. 将蒜蓉、姜末、葱花、香菜末、盐、糖、鸡精、醋、酱油调成汁，红椒和干辣椒切碎，西芹洗净切丝。

2. 锅加水煮沸，下银芽、西芹丝、茶树菇氽烫一下，装盘备用。再将黄鳝丝同样氽烫后放在三丝上，浇上调好的汁。

3. 撒上胡椒粉、干辣椒末、红辣椒末、花椒末，浇上烧热的香油即成。

【营养功效】此菜适用于中老年人脾胃虚弱、食欲不振、消化不良、体倦乏力等症。

小贴士

　　鳝鱼含有丰富的 DHA 和卵磷脂，它是构成人体各器官组织细胞膜的主要成分，而且是脑细胞不可缺少的营养物质。

主料: 黄鳝丝 350 克，银芽 25 克，西芹 25 克，水发茶树菇 25 克。

辅料: 红椒、香菜、盐、糖、鸡精、醋、酱油、蒜、姜、葱、胡椒粉、干辣椒、花椒、香油各适量。

陈皮汤浸鲮鱼

制作方法 ○•

1. 鲮鱼宰杀洗净。

2. 炒锅上火加食用油，将陈皮和姜葱煸炒，加水稍煮，放入鲮鱼。

3. 加入葱花、盐、味精调味，小火烧开即可。

【营养功效】陈皮含有大量挥发油、橙皮苷等成分。它所含的挥发油对胃肠道有温和刺激作用，可促进消化液的分泌、排除肠道内积气、增加食欲。

小贴士

　　陈皮以广东所产为佳，历史上贸易特称其为"广陈皮"，以别于其他省所产。

主料: 鲮鱼 500 克。

辅料: 陈皮、姜、葱、盐、食用油、味精各适量。

百合甲鱼汤

主料: 甲鱼 750 克,鸡肉 100 克,百合 15 克。

辅料: 枸杞子、姜、盐、料酒各适量。

制作方法

1. 百合、枸杞子洗净,用清水浸泡;鸡肉切成块。

2. 甲鱼洗净,除去内脏,切块,用热水烫洗。

3. 把甲鱼块、鸡肉块、一同放入炖盅,再放入枸杞子、百合、姜片、盐、料酒,加水适量,炖至甲鱼烂熟即可。

【营养功效】百合味苦性平,有润肺止咳、清心安神之功。

小贴士

脾胃不好、消化不良的人以及平常总是手脚冰凉的人,不宜食用此汤。

罗汉果生鱼汤

主料: 罗汉果半个,葛菜 50 克,生鱼 1 条约 150 克。

辅料: 姜、盐、食用油各适量。

制作方法

1. 将罗汉果、葛菜洗净;将生鱼去鳞、鳃和内脏,洗净,斩成块。

2. 锅内加食用油烧热,下姜、生鱼块煸炒至金黄色。

3. 将罗汉果、葛菜放入锅中,加水适量煮 2 小时,下盐调味即成。

【营养功效】此菜凉血解毒,清肺止咳,清热利尿。

小贴士

喝此汤的同时不宜喝牛奶,否则可能出现食物相克而中毒。

制作方法

1. 鲜菇切片氽水，鱼肉切片，姜切末。

2. 锅放食用油，下葱、姜炝锅，放鲜菇、盐、生抽、味精，煸透出锅。取碗放清汤、味精、盐、生抽、胡椒粉、香油、淀粉，兑成汁备用。

3. 将鱼片用蛋清、淀粉抓匀，下入热油锅中滑透，倒入漏勺。

4. 锅留底油，下鲜菇、鱼片、料酒，倒进调好的汁，翻匀出锅即可。

【营养功效】鸡蛋具有补阴益血、健脾和胃、清热解毒、养心安神、固肾添精之功效。

小贴士

　　鸡蛋适宜体质虚弱、营养不良、贫血、产后体虚者及小儿、老人食用。

鲜菇鱼片

主料：鲜菇 500 克，生鱼（即黑鱼）肉 350 克，蛋清 50 克。

辅料：盐、淀粉、生抽、姜、葱、味精、胡椒粉、香油、食用油、料酒、清汤各适量。

制作方法

1. 将鲫鱼洗净后放在案板上，用刀在鱼体两面各剞上花刀，投入开水锅中氽一下，取出沥水，用盐把鱼腹内擦遍，抹上少许料酒。

2. 鸡蛋磕入大汤碗内，倒入鲜汤，用筷子调散，边搅边放入盐、味精，倒入食用油。把鲫鱼放在蛋汁中，连碗上屉，用大火速蒸 15 分钟，见蛋羹凝结如豆腐脑状，取出。

3. 另用一碗，放入葱花、酱油、香油和鲜汤调成清味汁，浇在蒸好的蛋羹上即成。

【营养功效】鲫鱼蛋白质多，脂肪少，含有碳水化合物、矿物质、维生素 A、B 族维生素等。

小贴士

　　此菜蛋白质丰富，鲜嫩可口。

鲫鱼蒸蛋

主料：鲫鱼 500 克，鸡蛋 1 个。

辅料：鲜汤、食用油、香油、盐、酱油、料酒、味精、葱各适量。

丝瓜鲜菇鱼尾汤

主料: 草鱼 300 克, 丝瓜 250 克, 鲜菇 150 克。

辅料: 姜、葱、食用油、盐各适量。

制作方法

1. 丝瓜刨去皮, 切角形; 鲜菇每朵切开边; 草鱼尾洗净, 沥水, 用盐腌 15 分钟。

2. 油入锅烧热, 放葱、姜爆香, 注水煮沸, 放鲜菇煮 3 分钟, 捞起, 清水洗过, 沥干。

3. 锅中加水适量煮沸, 放入鱼尾煮 15 分钟, 放丝瓜、鲜菇煮熟, 放盐调味, 除去汤面之油即可。

【营养功效】 在瓜类食物中, 丝瓜的营养价值较高, 所含的皂苷类物质、木聚糖和干扰素等成分具有一定的消脂补水的作用。

小贴士

烹制丝瓜时应注意尽量保持清淡, 油要少用, 这样才能显示丝瓜香嫩爽口的特点。

香菇蒸白鳝

主料: 白鳝(即河鳗)600 克, 枸杞子、香菇各 30 克。

辅料: 香葱、青椒、姜、香菜、盐、味精、豆豉、酱油、料酒各适量。

制作方法

1. 白鳝洗净, 切成底部相连的厚片, 用料酒、盐、味精腌一下。

2. 将腌好的白鳝码入盘中, 撒上豆豉、香菇粒、枸杞子、姜末, 上笼蒸 10 分钟左右。

3. 取出蒸好的白鳝, 撒上青椒粒、香菜末和葱花, 淋酱油即成。

【营养功效】 白鳝富含人体所必需的氨基酸, 具有补虚益血及祛风湿的功效。

小贴士

白鳝蒸食时无须加入肥肉丁, 以免过于油腻影响食欲, 妨碍膳食营养平衡。

三丝蒸白鳝

制作方法

1. 白鳝杀洗干净,切金钱片; 红椒、姜、葱切丝蒜切碎并用油炸一下。

2. 把白鳝片用盐、味精、胡椒粉、淀粉拌匀,摆入碟内。

3. 蒸锅烧开水,放入摆好的白鳝片,以大火蒸 6 分钟后取出,撒上红椒丝、姜丝、葱花,把炸好的大蒜油淋在上面,然后加入生抽即成。

【营养功效】此菜补虚健脾,养心安神。适用于神经衰弱。

小贴士

一定要洗净白鳝黏液,否则有腥味。大蒜油炸后烧才香。

主料: 白鳝 200 克。

辅料: 红椒、食用油、生抽、姜、葱、蒜、盐、味精、淀粉、胡椒粉各适量。

榨菜蒸白鳝

制作方法

1. 白鳝宰后洗净泡水片刻,取出除去滑腻,洗净抹干,斩成短段,加盐、胡椒粉拌匀,装碟。

2. 榨菜用水浸透,挤干水分,切成薄片,葱白切断,红椒切丝。将榨菜片、姜片及半分量的葱白撒在白鳝上,再淋上食用油。

3. 将白鳝隔水蒸熟,撒上葱白及香菜、红椒丝,淋香油即成。

【营养功效】此菜补中益气,养血固脱,温阳益脾,强精止血,滋补肝肾,祛风通络。

小贴士

加工白鳝时应注意,其血清有毒。虽然毒性可被加热或胃液所破坏,但生饮白鳝血有时可引起中毒。

主料: 白鳝 500 克,榨菜 30 克。

辅料: 红椒、葱、姜、香菜、盐、胡椒粉、食用油、香油各适量。

赤豆鲤鱼

主料：鲤鱼 500 克，赤豆 50 克。

辅料：鸡汤、姜、葱、陈皮、草果、盐、料酒、味精各适量。

制作方法

1. 将鲤鱼去内脏、鳃、鳞，洗净。

2. 将赤豆、陈皮、草果洗净后放入鱼腹中，将鱼放入汤碗中，加入盐、姜末、料酒、鸡汤。

3. 将汤碗放入笼屉中，蒸 1 小时，出笼加葱丝、味精即成。

【营养功效】鲤鱼的脂肪多为不饱和脂肪酸，能降低胆固醇，防治动脉硬化、冠心病。

小贴士

鲤鱼鱼腹两侧各有一条同细线一样的白筋，去掉它们可以除去腥味。

香糟带鱼

主料：带鱼 400 克。

辅料：白酒、香糟卤、葱、姜、食用油各适量。

制作方法

1. 带鱼去头、鳞、内脏，洗净，切成菱形块，在每块鱼中间切一刀。

2. 加入白酒、葱、姜腌渍 5 分钟左右。

3. 锅内放食用油烧沸，将带鱼炸至呈金黄色捞出，冷却后浸入香糟卤中，浸泡 10 小时即可。

【营养功效】带鱼的脂肪含量高于一般鱼类，且多为不饱和脂肪酸，这种脂肪酸的碳链较长，具有降低胆固醇的作用。

小贴士

带鱼忌用牛油、羊油煎炸，不可与甘草、荆芥同食。

制作方法

1. 将带鱼宰杀洗净，切成段；木瓜洗净，去皮和籽，切成块。

2. 将锅置火上，加入适量清水，放入带鱼、木瓜块、盐、葱、姜片、醋、酱油、料酒同煮，熟时放味精即可。

【营养功效】带鱼含有丰富的镁，对心血管系统有很好的保护作用，有利于预防高血压、心肌梗塞等心血管疾病。

小贴士

　　鲜带鱼不必去鳞，但如是冷冻带鱼，务必将鱼鳞彻底清洗干净，否则会很腥。

木瓜烧带鱼

主料： 带鱼 350 克，木瓜 400 克。

辅料： 醋、酱油、料酒、味精、葱、姜、盐各适量。

制作方法

1. 将霉干菜放入清水中浸泡 3 小时，并用清水反复清洗几次，剪掉头部。带鱼去除内脏后，在鱼身上双面斜着划几刀，切成段。

2. 将霉干菜平铺在盘中，把带鱼块放在霉干菜上面。

3. 腊肠切成小粒，青、红椒切成小块，蒜去皮拍碎，放入碗中，加入豆豉酱、生抽、料酒、盐，充分搅拌后倒在带鱼上，上蒸笼用大火蒸 20 分钟即可。

【营养功效】带鱼含有丰富的镁元素，对心血管系统有很好的保护作用，有利于预防高血压、心肌梗死等心血管疾病。

小贴士

　　急慢性肠炎患者常食此蒸菜，能改善症状。

霉干菜蒸带鱼

主料： 鲜带鱼 500 克，腊肠 50 克，霉干菜 30 克。

辅料： 青椒、红椒、蒜、豆豉酱、生抽、料酒、盐各适量。

山药鱼片汤

主料： 鱼肉 250 克，山药 20 克。

辅料： 海带、豆腐、葱、胡椒粉、盐各适量。

制作方法

1. 山药洗净，研成粉末；豆腐切块；海带切丝；鱼肉洗净，切成片。

2. 锅中加适量水，放入海带丝和山药粉、豆腐块，大火煮沸。

3. 放入鱼片煮熟，加入葱花、胡椒粉、盐调味即可。

【营养功效】山药能补气益肾、补脾肺、清虚热、改善肠胃功能及提高免疫力。

小贴士

消化功能差者不宜常食山药。

朝天椒豆豉蒸鱼

主料： 罗非鱼 500 克。

辅料： 朝天椒、豆豉、香菜、葱、姜、酱油、白酒、盐各适量。

制作方法

1. 把罗非鱼洗净、去鳞，在身上抹一层盐，抹上白酒腌上 30 分钟，把葱、姜切丝，把豆豉用油炒过碾碎，朝天椒切碎，把炒好的豆豉和朝天椒放到一个碗里，然后倒入蒸鱼酱油，调好汁待用。

2. 把鱼撒上葱、姜丝，淋入少许酱油，上锅蒸 10 分钟，倒掉汤汁。

3. 调好的汁倒在鱼上，再蒸 10 分钟关火，关火后放入香菜焖上 2 分钟即可。

【营养功效】罗非鱼含有多种不饱和脂肪酸和丰富的蛋白质，对青少年的成长十分有益。

小贴士

蒸鱼时酱油要多放一些，汤汁要倒掉，因为这个汤很腥，影响味道。

制作方法

1. 把福寿鱼洗净，在鱼背处横切一刀，抹上一层盐，腌渍5分钟；姜切成细丝；葱切成花；红椒切成细丝；榨菜与猪绞肉一起放入碗内，加食用油、料酒、蚝油、酱油拌匀，腌渍15分钟入味。

2. 往福寿鱼腹中塞入少许姜丝，鱼身也撒上姜丝，将腌好的肉末榨菜丝铺在鱼身上，腌渍15分钟入味，待撒上一层红椒丝后，再给福寿鱼盖上一层保鲜膜。

3. 烧开锅内的水，放入福寿鱼大火隔水清蒸15分钟，取出撒上葱花，淋上香油即可。

【营养功效】榨菜的主要成分是蛋白质、胡萝卜素、膳食纤维、矿物质等，它有"天然味精"之称，富含产生鲜味的化学成分，经腌制发酵后，其味更浓。

小贴士

袋装榨菜咸味和辣味较重，可先将榨菜用清水冲洗干净，去掉过多的咸辣味，再用来蒸鱼。

榨菜肉末蒸鱼

主料： 福寿鱼600克，榨菜50克，猪绞肉50克。

辅料： 红椒、葱、姜、食用油、料酒、蚝油、酱油、香油、盐各适量。

制作方法

1. 将鱼头劈两片，去鳃洗净，放锅内，加清水漫过鱼头，上大火烧至鱼肉离骨时，捞起去骨。锅内注入清水适量，捞出鱼肉，拣去葱姜。青菜心过油备用。

2. 炒锅上火，放食用油烧至五成热，投入葱、姜略炸后捞去，放入蟹肉略煸，再放入笋片、香菇、鸡片、肫肝片、鱼肉，加糖、盐、虾籽和料酒，放入鸡汤，盖严，焖烧10分钟。

3. 加味精，用水淀粉勾芡，加醋、熟食用油、白胡椒粉，起锅装入青菜心铺底盘中，放火腿片即可。

【营养功效】花鲢能提供丰富的胶质蛋白，是女性滋养肌肤的理想食品。

小贴士

此菜选用镇江产的花鲢，头大、肉多、肥嫩、味美。

拆烩鲢鱼头

主料： 花鲢头600克，蟹肉75克，笋片、熟火腿片、熟鸡肉片、熟鸡肫肝片各50克。

辅料： 青菜心、香菇、食用油、鸡汤、料酒、葱、糖、虾籽、姜、醋、白胡椒粉、淀粉、盐、味精各适量。

清蒸武昌鱼

主料： 武昌鱼800克，熟火腿25克，香菇50克。

辅料： 食用油、鸡汤、盐、料酒、胡椒粉、葱、姜、味精各适量。

制作方法

1. 将鱼去鳃、鳞，剖腹去内脏，洗净，在鱼身两面切花刀，撒上盐，放入盘中。香菇和熟火腿切成薄片，间隔摆在鱼上面，加葱结、姜块和料酒。

2. 把水烧开，将整条鱼连盘上笼蒸，蒸至鱼眼突出，肉松软，约15分钟出笼，拣去姜块、葱结。

3. 锅内放食用油烧热，淋入蒸鱼的汤汁，下鸡汤煮沸，加入味精、盐起锅，浇在鱼上面，撒上胡椒粉即成。

【营养功效】武昌鱼含丰富的蛋白质，与火腿、香菇、冬笋共食是孕妇理想的进补菜肴。

小贴士

鱼肉要新鲜，要腌制入味，上蒸笼时要淋上猪油，浇上鸡汤，蒸制时要大火蒸至鱼眼突出。

豆辣蒸鱼

主料： 鲤鱼500克。

辅料： 蒜、姜、豆豉、葱、辣椒、酱油、酒、盐、糖各适量。

制作方法

1. 鲤鱼清理干净片开，放盘上备用。

2. 姜末、蒜末、豆豉、辣椒末与酱油、盐、酒、糖拌匀，淋在鱼身上，放入蒸笼蒸20分钟。

3. 食用前撒入葱花即可。

【营养功效】鲤鱼的蛋白质不但含量高，而且质量也佳，大部分能被人体消化吸收。鲤鱼能供给人体必需的氨基酸、矿物质、维生素A和维生素D。

小贴士

在鲤鱼的鼻孔里滴一两滴白酒，然后把鱼放在通气的篮子里，上面盖一层湿布，两三天内鱼不会死去。

杂鱼冬瓜汤

制作方法

1. 冬瓜切薄片；红椒切圈。

2. 海鱼洗净，入油锅煎香。

3. 锅置火上，注适量水，加冬瓜煮15分钟，煮到汤色奶白，加鱼露、盐、味精，最后放上红椒点缀即可。

【营养功效】冬瓜钾盐含量高,钠盐含量低,具有清热解毒、利水消痰、除烦止渴、祛湿解暑之效，适用于心胸烦热、小便不利、高血压等症。

小贴士

此汤源自打鱼人家在渔船上的简便菜，讲究原汁原味。

主料：海鱼500克，冬瓜250克。

辅料：红椒、姜、盐、食用油、鱼露、味精各适量。

姜丝鲈鱼汤

制作方法

1. 鲈鱼去鳞去鳃，掏出内脏，洗净，鱼身两面均拉出4厘米宽距的刀纹，装入汤盘。

2. 香菇去蒂，洗净，切片，与姜丝一起排在鱼身上，葱段放鱼头尾两处。

3. 加水及料酒、盐、味精，装好加盖，上笼用大火蒸10分钟取出即成。

【营养功效】此菜健脾补气，益肾安胎。

主料：鲈鱼750克，鲜香菇25克。

辅料：料酒、葱、姜、盐、味精各适量。

小贴士

蒸鱼时间过长，肉与刺不易分离，鲜味尽失。

萝卜炖鲤鱼

主料： 鲤鱼 600 克，白萝卜 500 克。

辅料： 姜、葱、蒜、酱油、糖、料酒、盐、食用油、高汤、胡椒粉、香油各适量。

制作方法

1. 鲤鱼宰杀洗净，放入盐、料酒、酱油和胡椒粉腌入味；白萝卜洗净，切成厚片；葱切段；姜切丝；蒜切片。

2. 将腌好的鲤鱼放入烧热的油锅中煎透，将白萝卜片放入锅的底部，鲤鱼放在白萝卜片上。

3. 炒锅置于大火上，放入食用油 20 毫升，烧热，下葱段、姜丝和蒜片爆香，加入高汤、糖和盐煮沸，倒入炖锅内，将炖锅置于大火上煮沸后改用小火炖至鲤鱼透熟，淋上香油即可。

【营养功效】 白萝卜含芥子油、淀粉酶和粗纤维，具有促进消化、增强食欲、加快胃肠蠕动和止咳化痰的作用。

小贴士

鲤鱼片要经过油煎，需预备食用油 200 毫升。

软熘鲈鱼

主料： 鲈鱼 1000 克，虾米 15 克，猪瘦肉、笋、香菇各 50 克。

辅料： 食用油、葱、姜、料酒、酱油、肉清汤、醋、糖、淀粉、猪油各适量。

制作方法

1. 将猪瘦肉、虾米、笋、香菇均切成米粒状；将鲈鱼洗净，剖开，取两片连皮鱼肉，用刀剖成十字花纹，放上鱼头，放在鱼盘里，淋上料酒，放入姜片腌制片刻。

2. 将腌好的鱼放上葱结，连盘上笼用大火蒸 6 分钟，取出姜片、葱结，滗去汤汁。

3. 当蒸约 3 分钟时，将炒锅放在大火上，下猪油，放入猪瘦肉、虾米、笋、香菇丁略炒，加入酱油、糖、肉清汤煮沸，用水淀粉调稀勾芡，再加醋拌匀。

4. 另取炒锅放食用油烧成热，将前一个炒锅中的芡汁倒入锅内，急熘几下，起锅，浇在蒸熟的鱼上即成。

【营养功效】 虾米中的虾青素，是迄今为止发现的最强的抗氧化剂。

小贴士

十字花纹的切法是每隔 0.5 厘米横剖一长刀，刀深为鱼肉厚度的 2/3。然后再竖着切，与原切口形成十字交错，刀深为鱼肉厚度的 2/3。

青葙子鱼片汤

制作方法

1. 将鱼肉切成片；豆腐切成厚片；蔬菜洗净，切整齐。

2. 将青葙子用适量清水以中火煎约1小时，煎至约800毫升，去渣留汁备用。

3. 鱼片放在碗内，用汤汁搅拌一下，然后放入锅内，放入豆腐，待豆腐煮至浮起时，再放蔬菜，加盐调味，淋入食用油再煮片刻即成。

【营养功效】此汤适用于春季风热上攻而致的视力减退、头晕目眩等症。

 小贴士

瞳孔散大、青光眼患者禁服。

主料：鱼肉150克，豆腐2块，青葙子12克。

辅料：食用油、蔬菜、盐各适量。

当归鲤鱼汤

制作方法

1. 当归、白芷、北芪、枸杞子洗净，红枣去核，姜切片，葱切段。

2. 将鲤鱼宰杀洗净，锅中倒入适量清水，放入除盐、味精外的各种材料，煮至鲤鱼熟透。

3. 加盐、味精调味即可。

【营养功效】鲤鱼含有钙、磷、钾、钠等多种营养素，与当归共煮，可补血，产妇食用效果佳，但孕妇慎食。

 小贴士

鲤鱼通乳，用时应少放盐。

主料：鲤鱼750克，当归15克，白芷15克，北芪15克，枸杞子10克。

辅料：食用油、葱、蒜、姜、干辣椒、豆豉、盐、味精、酱油各适量。

水煮鱼片

主料: 青鱼肉150克,辣椒酱20克,蛋清20毫升。

辅料: 盐、葱、姜汁、味精、淀粉各适量。

制作方法

1. 将青鱼肉洗净,用刀斜片成大薄片,放入碗内,加蛋清、盐、葱、姜汁、味精、淀粉拌匀上浆,入冰箱冷藏半小时。

2. 炒锅内放入清水煮沸,倒入鱼片滑散,片刻后捞出沥干水分,装入盆中。

3. 与小碟辣椒酱一起上桌,蘸食。

【营养功效】青鱼含有较多的硒、碘等微量元素,具有延缓衰老及防治肿瘤的功效。

小贴士

如果人体缺锌,往往会嗅觉减弱、精神委靡,多吃鱼能补锌。

酒香焖鱼

主料: 鲤鱼600克,粉丝、笋、韭黄、黑木耳各20克,油菜、猪里脊肉50克。

辅料: 葱、姜、酱油、米酒、淀粉5克,食用油、白胡椒粉各适量。

制作方法

1. 葱、韭黄切成段,姜切末,粉丝浸冷水泡软,黑木耳、笋、猪里脊肉切片,鱼清洗干净。

2. 锅内放食用油加热,放入鱼,炸至表面呈金黄色捞出。

3. 锅中留油烧热,放入葱段、姜末爆香,加入酱油和水煮沸,再放入米酒、白胡椒粉、鱼、笋片、黑木耳、肉片,烧至鱼熟,将鱼捞起盛盘,将粉丝、油菜、韭黄放入锅中,加淀粉勾芡,倒在鱼上即可。

【营养功效】此菜蛋白质含量高,具有催乳、降低胆固醇和延年益寿的功效。

小贴士

因有过油炸制过程,需准备食用油500毫升左右。

制作方法 ○ •

1. 将鱼头刨开洗净，放在碟子上备用。

2. 在锅上把蒜用油爆香，加入剁椒和豆豉大火翻炒，以酱油调味。

3. 把酱放在鱼头上蒸 10 分钟左右即成。

【营养功效】辣椒不仅可以开胃，而且含有维生素 C。豆豉发酵后含有大量酶，是女性的天然保健品。

 小贴士

制作剁椒所用的工具、器皿、手都要保持干燥无水，否则剁椒易霉变。

剁椒蒸鱼头

主料: 鳙鱼头 600 克，剁椒 300 克，豆豉 50 克，蒜 50 克。

辅料: 酱油、食用油各适量。

制作方法 ○ •

1. 鱼剁成长方块。锅置大火上烧热，滑锅后放食用油，下鱼块稍煎。

2. 加姜末、料酒略焖，加酱油、糖稍烧，添沸水一勺，加入熟笋片，转小火将鱼烧熟。

3. 用大火收浓汤汁，撒上葱段、红椒片，加入盐、味精，用水淀粉勾芡，浇熟油出锅即成。

【营养功效】此菜富含蛋白质、脂肪酸、B族维生素、维生素 E、钙、镁等，可养肝明目、养胃、益气化湿。

小贴士

煎鱼后把油倒出，不用洗锅，直接炒调料。

红烧鱼块

主料: 草鱼 350 克，熟笋片 50 克。

辅料: 糖、酱油、料酒、姜、葱、红椒、食用油、盐、味精、淀粉各适量。

大福鱼

主料: 鲈鱼800克,羊肉馅100克,鹌鹑蛋、鸡蛋各2个。

辅料: 红椒、青椒、葱、姜、蒜、盐、鸡精、糖、食用油、料酒、酱油、醋、大料、香油、淀粉各适量。

制作方法

1. 取一器皿,放入羊肉馅,加入鸡蛋、料酒、盐、淀粉,顺时针方向不停搅拌,再加入少许葱、姜、香油搅拌均匀。

2. 将鲈鱼洗净,把拌好的羊肉馅从鱼嘴填入肚中,锅内倒入适量油,油热后放入鱼煎至两面金黄。

3. 下大料、葱、蒜炒出香味,加入料酒、酱油、醋、糖、盐、鸡精调味,加入适量清水,放入鹌鹑蛋炖20分钟左右,装盘,将青椒丝、红椒丝、葱丝码放在鱼身上,淋热油即可。

【营养功效】鲈鱼适宜贫血头晕,妇女妊娠水肿、胎动不安者食用。

小贴士

桥江鲈鱼与长江鲥鱼、太湖银鱼、黄河鲤鱼并称为"四大名鱼"。

萝卜氽鲫鱼

主料: 鲫鱼500克,萝卜150克。

辅料: 葱、姜、盐、料酒、味精、食用油、醋各适量。

制作方法

1. 将鲫鱼宰杀,在脊背两边各剞一长刀,洗净后用沸水氽烫,捞出沥干;白萝卜切长丝,用水氽熟。

2. 炒锅烧热,放入食用油,把鲫鱼下入油锅中略煎,迅速翻身,放入料酒、葱结、姜块及沸水,加盖煮约4分钟至熟。

3. 用漏勺将鱼捞起装盘,去掉葱、姜,锅中的汤汁放入盐、醋、白萝卜丝及味精,沸后把萝卜丝捞出放在鱼的上方,浇入汤汁即可。

【营养功效】鲫鱼可健脾开胃、活血通络、祛湿。

小贴士

将白萝卜切碎捣烂取汁,加入适量清水用来洗脸,长期使用,可使皮肤清爽润滑。

粉蒸草鱼头

制作方法

1. 将草鱼头切为两半，去腮洗净，用盐、料酒、姜末、胡椒粉腌渍入味。

2. 把腌渍入味的草鱼头均匀拍上米粉，上屉蒸 10 分钟，取出淋香油，撒上葱花。

3. 将上汤、盐、胡椒粉、香醋、生抽、香油搅匀，跟草鱼头一同上桌，供淋汁或蘸食之用。

【营养功效】草鱼含有丰富的不饱和脂肪酸，对血液循环有利，是心血管病人的良好食物。

小贴士

    味汁要和鱼头同时加热，"一滚三鲜"，否则鱼头风味大减。

主料： 草鱼头 600 克，米粉 120 克。

辅料： 盐、料酒、胡椒粉、香醋、姜、香油、上汤、生抽、葱各适量。

糟熘鱼白

制作方法

1. 将鳜鱼宰杀洗净，取肉，剁成泥，加盐、水、姜汁、鸡蛋清拌匀，再加味精搅拌成鱼糜，香糟加水，滤取糟汁，加水淀粉、盐、料酒、味精调匀。

2. 炒锅中放入水半锅，烧热，先将勺在水中浸一下，然后用勺将鱼糜一片一片地舀在锅内，小火焖熟，即为"鱼白"。

3. 锅内放食用油烧热，放入葱段煸出香味，再放调好的糟汁和水，熘成芡汁，倒入鱼白，摇晃炒锅，浇上熟油即成。

【营养功效】鳜鱼肉热量不高，富含抗氧化成分，对于贪恋美味又怕肥胖的女士是极佳的选择。

小贴士

    鳜鱼红烧、清蒸、炸、炖、熘均可，也是西餐常用鱼之一。

主料： 鳜鱼 500 克，鸡蛋清 40 克。

辅料： 葱、姜汁、香糟、料酒、淀粉、食用油、盐、味精各适量。

红枣北芪炖鲈鱼

主料: 鲈鱼600克, 黄芪25克, 红枣20克。

辅料: 姜、料酒、盐各适量。

1. 将鲈鱼宰杀洗净, 抹干; 黄芪洗净; 红枣去核洗净。

2. 鱼、黄芪、红枣、姜、料酒同放入炖盅内, 注入开水, 隔水炖3小时, 下盐调味即可。

【营养功效】此菜是治疗妊娠水肿及胎动不安的佳肴。

小贴士

黄芪以条粗长、皱纹少、质坚而绵、断面色黄白、粉性足、味甜者为佳。

豉汁蒸盘龙鳝

主料: 白鳝600克。

辅料: 豆豉汁、柱侯酱、蒜、姜、辣椒、葱、陈皮、淀粉、香油、酱油、胡椒粉、盐、味精各适量。

制作方法

1. 将白鳝剖净, 用热水烫洗, 从头至尾在鳝背上切一刀, 背骨断但腹不断, 洗净滤干水分。

2. 白鳝加入生蒜蓉、炸蒜蓉、姜末、辣椒末、陈皮末, 调入豆豉汁、盐、味精、香油、酱油、淀粉拌匀。

3. 把调好味的白鳝呈盘龙形摆放圆碟中, 剩余味料铺放在鳝身上, 放食用油, 用大火蒸熟, 取出, 在鳝上撒胡椒粉、葱花, 烧滚油浇淋在上即可。

【营养功效】白鳝肉含有丰富的优质蛋白和各种人体必需的氨基酸。

小贴士

白鳝忌与醋、白果同食。

制作方法

1. 将鸡蛋磕在碗内，放入面粉、水淀粉和水调制成糊；红椒去籽，与姜分别切粒；葱切花；香菜择洗干净。

2. 将鱼肉切成方条，用料酒、盐、糖、味精腌一下，放入鸡蛋糊内拌匀，逐条粘上芝麻；用少许高汤、水淀粉、香油、葱花兑成汁。

3. 锅内放食用油烧热，将鱼条下入油锅炸酥呈金黄色，捞出沥油；锅内留油，将红椒粒、姜粒、花椒粉下入油锅炒出香辣味，倒入鱼条和兑汁，翻颠几下即成。

【营养功效】芝麻含亚油酸、维生素E，多食芝麻，既润肤又养血。

小贴士

炸鱼的要领是：油要热，火要大。油温一般在170~230℃之间。

香辣麻仁鱼条

主料: 草鱼200克，鸡蛋2个，芝麻100克，红椒、面粉各25克。

辅料: 食用油、料酒、葱、姜、香油、淀粉、高汤、盐、味精、糖、花椒粉各适量。

制作方法

1. 鲜鱼肉洗净，切成长约6厘米、宽约2厘米的条形，用盐、料酒、姜、葱、胡椒粉拌匀，腌渍入味后，去尽汁水和姜、葱。

2. 锅内放食用油烧热，下鱼条炸至呈黄色时捞起。

3. 倒去锅内油，另放食用油入锅烧热，下葱段煸炒出香味，下姜、辣椒稍煸，倒入鲜汤、盐、酱油、料酒、糖，煮沸，下鱼条，烧至汁浓将干时，加入香油、辣椒油即可。

【营养功效】葱含有挥发油、大蒜油等营养成分，能解热祛痰、抵御病菌。

小贴士

辣椒含有一种成分，能加快新陈代谢，有效地燃烧体内的脂肪，从而达到减肥的效果。

葱辣鱼

主料: 鲜鱼肉400克。

辅料: 食用油、葱、料酒、姜、辣椒、鲜汤、酱油、糖、香油、辣椒油、胡椒粉、盐各适量。

蒸鱼豆花

主料: 草鱼 150 克,花生米、榨菜、豌豆各 15 克,鸡蛋清 80 克。

辅料: 姜、葱、辣椒油、淀粉、芝麻、蒜泥、香菜、花椒粉、高汤、味精、盐、食用油各适量。

制作方法

1. 草鱼去骨留鱼肉,捶成鱼糜;豌豆用油炸酥;芝麻炒熟;姜、葱切末;香菜切段。

2. 把鱼糜放入碗内,加入清水,再加入鸡蛋清、淀粉、盐、味精拌匀,放入高汤调成鱼糊,入笼蒸半小时。

3. 取碗,放入姜末、蒜泥、榨菜末、熟芝麻、炸花生米、油酥豌豆、味精、盐、辣椒油、花椒粉,调成麻辣汁,淋在蒸熟的鱼糜上,撒上葱末、香菜段即可。

【营养功效】 草鱼含有丰富的硒,经常食用有抗衰老、养颜的功效,而且对肿瘤也有一定的防治作用。

小贴士

花生不宜与黄瓜、螃蟹同食,否则易致腹泻。鸡蛋清不能与糖精、豆浆、兔肉同食。

清蒸立鱼

主料: 立鱼 750 克。

辅料: 葱、姜、酱油、盐、糖、食用油各适量。

制作方法

1. 立鱼宰杀洗掉血水,在鱼背上各划上几刀,鱼肚里抹盐,塞几片姜和葱白。碗里放酱油、盐、糖,加点水拌匀。

2. 锅里的水烧开后,把鱼放进锅,大火蒸 8 分钟。鱼蒸好后,把盘子里的汤汁倒掉,去葱、姜,重新铺上切成细丝的葱丝和姜丝。另起锅把油烧热后,迅速把滚油淋在铺了葱丝的鱼上。

3. 把调好的酱汁倒进锅里烧开后,浇在鱼身上即可。

【营养功效】 立鱼含有丰富的蛋白质,脂肪含量很低,不饱和脂肪酸较多,能维持、提高和改善大脑机能。

小贴士

立鱼又名赤宗鱼、真鲷鱼,味美色鲜。鱼鳍带黄色的品种在粤港一带又称黄脚立。

制作方法 ○ •

1. 将加吉鱼去鳞、鳃和内脏，洗净，在鱼身两侧打上斜十字刀，用酱油腌渍好；香菜洗净，切段；香菇洗净切块。

2. 锅内放食用油烧热，下鱼炸至枣红色，捞出沥油。

3. 锅内放食用油烧热，下葱、姜煸出香味，加入料酒、醋、清汤、香菇、盐、酱油、味精、糖和炸过的鱼，用小火焖熟，装盘，去掉葱、姜，将汤汁烧开，用水淀粉勾薄芡，撒上香菜段，同香油一起浇在鱼上即成。

【营养功效】加吉鱼营养丰富，富含蛋白质、钙、钾、硒等营养元素，具有补胃养脾之效。

小贴士

服用补药和中药白术、丹皮时，不宜服用香菜，以免降低补药的疗效。

红焖加吉鱼

主料： 加吉鱼 750 克。

辅料： 香菜、香菇、料酒、盐、酱油、醋、味精、清汤、糖、葱、姜、水淀粉、食用油、香油各适量。

制作方法 ○ •

1. 大黄鱼洗净后在鱼身两面刻上斜刀，用酱油浸渍使其入味。猪肉、熟笋均切片。

2. 锅内放食用油烧热，放入大黄鱼煎至两面呈金黄色，倒出沥油，投入葱段、蒜片、姜片煸出香味，放入肉片、笋片煸炒。

3. 放入大黄鱼，加料酒、酱油、糖略烧，加鲜汤，烧开后改用小火烧煮 15 分钟，用大火稍收汤汁，用漏勺捞出大黄鱼，装盘，锅里汤汁加味精，起锅浇在鱼上即成。

【营养功效】黄鱼含有丰富的蛋白质、微量元素和维生素，对人体有很好的补益作用，对体质虚弱者和中老年人来说，食用黄鱼会收到很好的食疗效果。

小贴士

黄鱼不能与中药荆芥同食，不宜与荞麦同食，吃鱼前后忌喝茶。

焖黄鱼

主料： 大黄鱼 500 克，猪腿肉 75 克，笋 50 克。

辅料： 食用油、葱、姜、蒜、鲜汤、料酒、酱油、糖、味精各适量。

包公鱼

主料: 小鲫鱼 600 克, 藕 250 克, 猪肋骨 100 克。

辅料: 料酒、酱油、醋、香油、冰糖、葱、姜各适量。

制作方法

1. 将鲫鱼洗净,加酱油、料酒、葱段、姜片腌渍 30 分钟;藕洗净,切片。

2. 取炒锅,锅底铺一层剔净肉的猪肋骨,然后放一层藕片、姜片和葱段,再将小鲫鱼头朝锅边码好。将酱油、醋、料酒、冰糖末放碗中拌匀,加清水,倒入锅中,用小火焖 5 小时左右,端下锅冷却后,去葱、姜、藕片和骨头。

3. 食用时取藕片数片垫在盘底,将鱼逐条取出摆入盘中,淋上香油即成。

【营养功效】鲫鱼具有补虚除湿、健脾开胃的功效。

小贴士

用小火焖时,锅内不应滚沸,防止鱼体碎烂。

烩酸辣鱼丝

主料: 鱼肉 200 克, 黄瓜 50 克, 鸡蛋清 40 克。

辅料: 食用油、白醋、酱油、料酒、香油、香菜、盐、葱、姜、淀粉、高汤各适量。

制作方法

1. 鱼肉去皮切丝,黄瓜切丝,香菜切段。

2. 鱼肉装入碗内,加蛋清、淀粉抓匀浆好,下入油中,滑散滑透,倒入漏勺。

3. 原锅留底油,用葱、姜丝炝锅,加白醋,添高汤,加入料酒、酱油、盐烧开,下入鱼丝、黄瓜丝,撇净浮沫,用水淀粉勾薄芡,淋香油,撒香菜即可。

【营养功效】黄瓜具有清热止渴、利水消肿之功效。

小贴士

黄瓜性凉,胃寒者食之易致腹痛泄泻。

制作方法

1. 将鱼头切块，青蒜切成段，豆腐和香菇均切成片。锅内放水置火上煮沸，将鱼头和香菇汆一下。

2. 锅置火上，放入鱼头、香菇、葱段、姜片、料酒和鲜汤，煮沸后撇去浮沫，加盖改用小火炖至鱼头快熟时，拣去葱和姜。

3. 加入豆腐片继续用小火炖至熟烂，撒入盐、味精、胡椒粉和青蒜段炖片刻即成。

【营养功效】此菜富含蛋白质、维生素A、B族维生素、钙、镁、锌、硒等营养元素。

小贴士

豆腐不要煮太久，老了就不好吃了。

豆腐炖鱼头

主料： 鳙鱼头500克，猪肉150克，豆腐300克。

辅料： 香菇、盐、味精、料酒、姜、葱、青蒜、胡椒粉、鲜汤各适量。

制作方法

1. 红椒、葱、姜洗净，切丝。黄花鱼宰杀洗净，两侧斜剖数刀。

2. 鱼涂上料酒、盐，鱼腹中放入葱丝、姜丝，摆在盘中，上面撒上姜丝，上笼蒸10分钟。

3. 取出鱼，在上面撒上姜丝、葱丝、红椒丝，烧热油淋在葱丝、姜丝、红椒丝上，再倒入适量生抽即可。

【营养功效】黄花鱼含有丰富的微量元素硒，能清除人体代谢产生的自由基、延缓衰老，对各种癌症有防治功效。

小贴士

新鲜的黄花鱼眼球饱满，角膜透明清亮，鳃盖紧密，鳃色鲜红，黏液透明无异味。

清蒸黄花鱼

主料： 黄花鱼500克。

辅料： 红椒、姜、葱、料酒、生抽、盐、食用油各适量。

平锅福寿鱼

主料: 福寿鱼 750 克, 土鸡蛋 3 个。

辅料: 蒸鱼酱油、姜、葱、香菜、糖、盐各适量。

制作方法

1. 将鸡蛋打入碗里, 加水搅打。福寿鱼洗净, 在鱼背切一刀, 用盐腌。

2. 在鱼腹内塞入姜丝, 隔水蒸 5 分钟, 取出, 倒出碟中汤汁, 放回锅内, 将蛋液倒入碟里, 加盖蒸 3 分钟, 然后熄火。

3. 出锅后放入葱段和香菜, 将蒸鱼酱油、糖拌匀, 浇在鱼身上即可。

【营养功效】福寿鱼肉味鲜美, 肉质细嫩, 含有多种不饱和脂肪酸和丰富的蛋白质, 被称为"不需要蛋白质的蛋白源"。

小贴士

福寿鱼(又称罗非鱼、非洲鲫鱼)以红烧、清蒸最好、这样不仅味道上乘, 而且对蛋白蛋的破坏也小。

雪菜黄鱼

主料: 黄鱼 500 克, 雪菜 150 克, 豆腐 200 克。

辅料: 味精、盐、姜、葱、鸡汤、食用油各适量。

制作方法

1. 将黄鱼洗净后两面剞柳叶刀, 葱切小段, 雪菜切段用水稍氽, 豆腐切块。

2. 锅内放食用油烧热, 将黄鱼炸至金黄色捞出。

3. 另起锅放鸡汤、姜、味精、盐、葱、豆腐块、黄鱼、雪菜段, 烧开, 焖约 15 分钟即可。

【营养功效】黄鱼营养丰富, 富含碘、钙、铁、磷等, 具有甘温开胃、补气填精的功效。

小贴士

雪菜含大量粗纤维, 不易消化, 小儿消化功能不全者不宜多食。

酒焖全鱼

制作方法 ○ •

1. 鲫鱼宰杀洗净,鱼身两面各斜剞5刀;红椒、姜、葱均切成长约5厘米的丝。

2. 炒锅烧热,放食用油,烧至八成热,放入鱼,待两面炸黄后,用漏勺捞起。

3. 锅中留油,放入红椒、姜、葱煸炒一下,再放入炸好的鱼,加入料酒、酱油、糖,用小火焖10分钟,再改大火把汤汁收浓,放入醋、味精,将鱼翻身,淋上香油即成。

【营养功效】鲫鱼含蛋白质和不饱和脂肪酸,有暖胃、益筋骨的功效。

小贴士

鲫鱼性偏温,热病及有内热者忌食。

主料: 鲫鱼650克,红椒15克,葱75克。

辅料: 姜、料酒、酱油、糖、食用油、味精、醋、香油各适量。

福寿临门

制作方法 ○ •

1. 福寿鱼宰杀洗净;花生米去皮炸熟;红椒去蒂切粒;姜去皮切片,青蒜切小节,蒜切粒。

2. 油热后放入福寿鱼,小火煎至两面金黄,加入料酒、姜片、清汤,用小火煮。

3. 鱼快熟时,放入红椒粒、蒜粒、青蒜,加入盐、味精、老抽、胡椒粉,撒上花生米,淋上花椒油,入碟即成。

【营养功效】福寿鱼含有多种不饱和脂肪酸和丰富的蛋白质,具有补虚、益气健脾等功效。

小贴士

福寿鱼最好随吃随宰,因为死鱼会在较短时间内产生大量细菌。

主料: 福寿鱼500克。

辅料: 清汤、红椒、食用油、花生米、生姜、青蒜、蒜、盐、味精、料酒、花椒油、老抽、胡椒粉各适量。

芹菜炒鱼松

主料: 鲮鱼 150 克。

辅料: 芹菜、姜片、淀粉、食用油、盐各适量。

制作方法

1. 鲮鱼肉剁碎,加盐及少许水搅拌均匀成鱼胶;芹菜去叶切段。

2. 锅内放食用油加热,把鱼胶煎成鱼松,鱼松稍冷,切成长条。

3. 放食用油爆姜片,下芹菜、鱼松炒匀,加盐再炒匀,用淀粉勾薄芡上碟即成。

【营养功效】此菜富含蛋白质、维生素A、钙、镁、硒等营养元素。鲮鱼味甘性平,有健筋骨、益气血的功效。

小贴士

芹菜的叶、茎含有挥发性物质,别具芳香,能增进人的食欲。

清蒸福寿鱼

主料: 福寿鱼 600 克。

辅料: 红椒、盐、味精、食用油、胡椒粉、料酒、葱、姜各适量。

制作方法

1. 福寿鱼宰杀洗净,在鱼身上剖十字花刀;姜洗净切成片,放入鱼身上的划口内。

2. 将鱼放入碗内,加入盐、味精、胡叔粉、料酒腌渍 5 分钟,放入蒸笼内蒸 10 分钟。

3. 将红椒、姜、葱切成丝撒在鱼身上,淋上烧热的油即可。

【营养功效】福寿鱼含蛋白质、脂肪、钙、钠、磷、铁、维生素 B_1、维生素 B_2,还含有多种不饱和脂肪酸。

小贴士

处理干净的鱼身上划上几刀抹上一点点盐,把姜片插入划开的刀口里面。鱼肚里面也要放几片姜,然后淋上料酒和一点生抽,最后撒上葱花,加食用油。

制作方法

1. 将黄花鱼宰杀洗净，在鱼身两面剖上斜刀，用盐腌渍。

2. 猪肥瘦肉切丝，葱切段，红椒切丝。

3. 锅内放食用油烧热，用葱段、姜片煸炒几下，倒入肉丝煸至熟，放入料酒、醋，加入酱油、清汤、盐烧沸，将鱼入锅内小火煮20分钟，撒上青蒜、红椒丝，淋上香油即成。

【营养功效】此菜健脾升胃，安神止痢，益气填精。

小贴士

　　黄花鱼肉如蒜瓣，脆嫩比淡水鱼好。

红烧黄花鱼

主料： 黄花鱼1000克，猪肥瘦肉、青蒜各100克。

辅料： 红椒、姜、葱、料酒、醋、酱油、香油、食用油、盐、清汤各适量。

制作方法

1. 鲤鱼宰杀洗净切成两段，猪排骨斩成块。

2. 烧热炒锅，放食用油烧至微沸，放入鲤鱼煎至两面金黄色，取出待用。

3. 沙锅洗净，中火烧热放食用油，放入姜片、葱段、猪排骨爆香，加入煎鱼、盐、糖、味精、清汤，将香糟汁淋在鱼面上，加盖用中火烧30分钟至香味浓郁即可。

【营养功效】鲤鱼的脂肪多为不饱和脂肪酸。鲤鱼能供给人体必需的氨基酸、矿物质、维生素A和维生素D。

小贴士

　　做料酒剩下的酒糟经加工即为香糟。

香糟烧鲤鱼

主料： 鲤鱼750克，猪排骨150克。

辅料： 清汤、香糟、姜、小葱、盐、味精、糖、食用油各适量。

牛奶柠檬鱼

主料: 银鳕鱼200克，牛奶500毫升，柠檬汁200毫升。

辅料: 面粉、淀粉、青椒、盐、糖、食用油各适量。

制作方法

1. 银鳕鱼切厚片加盐腌渍片刻，淀粉与面粉以1：1比例混合，放入银鳕鱼蘸上粉。

2. 锅中倒入食用油加热，银鳕鱼轻放入锅中，煎至浅黄色，装盘。

3. 锅里倒入牛奶、糖、盐、柠檬汁拌匀，勾芡，放入青椒中，食用时淋在鱼上即可。

【营养功效】此菜对促进儿童和青少年骨骼、牙齿发育有很大的帮助。

小贴士

银鳕鱼身体内含有大量脂肪和丰富的油脂，因此另一种较常见的名称"油鱼"。

香滑鲈鱼片

主料: 鲈鱼1500克。

辅料: 淀粉、料酒、食用油、香油、葱、姜、盐、味精、糖各适量。

制作方法

1. 将鲈鱼宰杀洗净，去皮起肉，顺着直纹切成片，用少量盐拌匀。

2. 锅内放食用油烧沸，放入鲈鱼片汆油，至八成熟，捞起。

3. 余油倒出，锅放回炉上，下姜、葱，加料酒、水、味精、盐、糖，放入鲈鱼片翻炒均匀，用水淀粉勾芡，淋香油即可。

【营养功效】用鲈鱼与葱、生姜煎汤，治小儿消化不良；将鳃研末或煮汤，可用以治疗小儿百日咳。

小贴士

清淡爽口，鱼肉鲜嫩。

蒸鳜鱼

制作方法

1. 将鱼宰杀，去鳞、内脏及鳃洗净；葱切段；姜去皮切片；香菇洗净；冬笋、火腿肠切薄片。

2. 将鱼装盘，加葱段、姜片、香菇、冬笋片、火腿肠片、料酒、糖、盐、味精、胡椒粉。

3. 上锅大火蒸15分钟，淋入香油，撒上葱花即可。

【营养功效】鳜鱼肉质细嫩，极易消化，肺结核病人应少食鳜鱼，有碍于身体康复。

小贴士

制作清蒸鱼的时候须水开后上锅，不可凉水时上锅，否则会影响口感。

主料：鳜鱼500克，冬笋40克，火腿肠30克，鲜香菇50克。

辅料：香油、料酒、糖、胡椒粉、盐、味精、葱、姜各适量。

五彩鱼片

制作方法

1. 草鱼去骨取肉，带皮切成大片，加葱、姜、料酒、味精、盐，腌渍入味；红椒、葱、香菜、姜、紫菜切成丝，拌匀。

2. 锅内加入水，水开后放入腌好的鱼片，煮至断生，取出放入盘中，淋上酱油，上面放上拌好的红椒、葱、香菜、姜、紫菜丝。

3. 用炒锅烧热油，浇在红椒、大葱、香菜、姜、紫菜丝上即可。

【营养功效】草鱼含有丰富的不饱和脂肪酸，食用草鱼有开胃作用。

小贴士

红椒对治疗咳嗽、感冒、鼻窦炎和支气管炎有一定作用。

主料：草鱼500克。

辅料：红椒、葱、姜、香菜、紫菜、酱油、料酒、盐、味精、食用油各适量。

松仁百合炒鱼片

主料: 黑鱼肉 250 克，百合 50 克，熟松仁 30 克。

辅料: 红椒、淀粉、食用油、葱、姜、盐、鸡精各适量。

制作方法

1.黑鱼洗净切片,加盐、鸡精、淀粉上浆,待用。

2.百合洗净，氽水待用；松仁炸脆，待用。

3.锅内放入食用油烧热，下葱段、姜片煸香，放入百合、鱼片、红椒片，加盐、鸡精调味，翻炒出锅，撒上熟松仁即可。

【营养功效】此菜含蛋白质、钙、磷、铁、维生素 B$_1$ 等，有补脾利水、清热、补血之效。

小贴士

黑鱼是病后康复和体虚者的进补佳品。

彩熘黄鱼

主料: 大黄鱼 750 克,鸡脯丁、虾仁、豌豆、熟火腿丁各 25 克。

辅料: 清汤、淀粉、葱、糖、料酒、番茄酱、醋、食用油、盐、味精各适量。

制作方法

1.大黄鱼宰杀洗净,斩去胸鳍、背鳍,抹上盐,用料酒稍腌,拍上淀粉。

2.锅内放食用油烧热，将大黄鱼炸至金黄色，改用小火浸炸，至外脆里熟，捞起。

3.另取炒锅，放食用油烧热，投入葱段略煸，将鸡脯丁倒入煸炒，加料酒、番茄酱、糖、盐、虾仁、豌豆、味精、清汤和醋，煮沸。

4.在炒锅中加入水淀粉，淋上油，勾成芡汁，浇在鱼上，撒上熟火腿丁即成。

【营养功效】此菜蛋白质含量丰富，含有镁、硒、钾、碘等微量元素。

小贴士

炸黄鱼，大火定型上色，小火浸炸熟透，色呈金黄，外酥里嫩。

罗锅鱼片

制作方法

1. 大黄鱼宰杀洗净，剔去脊骨，切成鱼段；对虾去壳，剪去须脚，剔除脊背沙肠。

2. 锅内放食用油烧热，放入对虾，炸至八成熟。锅内留少许油，加番茄酱推炒几下，加清汤，将虾倒入锅内，放入葱、姜、糖、料酒、盐、味精，将汁焖干。

3. 将另一锅放食用油烧热，将鱼片肉放入过油，约1分钟后，沥油，加入清汤和葱、香糟酒、糖、味精、盐，煨1分钟，用水淀粉勾芡，颠锅将鱼片翻身，使鱼肉面朝上即成。

【营养功效】虾含有比较丰富的蛋白质和钙等营养物质，对身体有补益作用。

小贴士

　　黄鱼是发物，哮喘病人和过敏体质的人应慎食。

主料： 大黄鱼500克，对虾400克。

辅料： 水淀粉、食用油、番茄酱、清汤、香糟酒、料酒、糖、盐、葱、姜、味精各适量。

大蒜焖鲇鱼

制作方法

1. 鲇鱼宰杀片取鱼肉，切块，用盐水涂抹，蘸上淀粉，逐块放入油锅，炸约5分钟至金黄色捞出沥油。

2. 炒锅回放火上，下蒜末、姜、猪肉丝、香菇丝爆炒，加料酒、汤、鱼块、炸大蒜、盐、味精、老抽、糖，焖约10分钟。

3. 用胡椒粉、水淀粉调稀勾芡，淋上香油和油，撒上葱丝即成。

【营养功效】鲇鱼含有丰富的蛋白质和矿物质等营养元素，有强精壮骨、延年益寿之效。

小贴士

　　鲇鱼肉细嫩，焖10分钟即熟，滑嫩鲜美。

主料： 鲇鱼500克，炸大蒜、猪肉丝各50克。

辅料： 香菇丝、淀粉、汤、葱丝、老抽、料酒、食用油、盐、味精、糖、香油、蒜、姜、胡椒粉各适量。

脯酥鱼片

主料: 草鱼 200 克, 熟豌豆 30 克, 鸡蛋清 100 克。

辅料: 姜汁, 淀粉、食用油、盐、味精、料酒、面粉各适量。

制作方法

1. 草鱼肉片成大片, 用盐、味精、料酒、姜汁抓匀, 腌 30 分钟。

2. 鸡蛋清放平盘内, 用筷子抽打成泡沫状, 加入淀粉搅匀成糊备用。

3. 将鱼片周身蘸面粉, 再挂糊, 入温油中炸熟成乳黄色, 整齐地摆入盘内, 撒上熟豌豆, 水淀粉勾芡即成。

【营养功效】豌豆富含维生素 C 和能分解体内亚硝胺的酶, 可以分解亚硝胺, 具有防治肿瘤的作用。

小贴士

在切鱼时, 若将手放在盐水中浸泡一会儿, 切起来就不会打滑。

潮州蒸鱼

主料: 草鱼 400 克, 酸菜 50 克, 红椒 60 克。

辅料: 鱼露、糖、盐各适量。

制作方法

1. 草鱼宰杀洗净; 红椒洗净切块; 鱼露 30 毫升、沸水 15 毫升、糖 5 克熬成糖浆, 调拌均匀做成鱼露汁。

2. 酸菜洗净, 切丝, 用盐水腌, 捞出洗净, 沥干水分, 再加入糖拌匀, 腌片刻。

3. 将酸菜和红椒铺在鱼的上面, 隔沸水蒸 10 分钟后取出, 倒出蒸汁, 淋上鱼露汁即可。

【营养功效】酸菜味道咸酸, 可以促进人体对铁的吸收。

小贴士

胃肠炎、胃溃疡、痔疮患者应少吃或忌食此菜。

炒鳊鱼冬笋

制作方法

1. 将鳊鱼外皮撕下，剁下头骨，鱼身切块；猪肉切薄片；冬笋切长片。

2. 油锅炸笋片至金黄色，将鳊鱼外皮和头骨下锅炸酥后研末。

3. 将香菇、猪肉片稍炒，加入清汤、酱油、笋片焖半小时，调入料酒、味精，用水淀粉调稀勾芡，并撒入鳊鱼末拌匀，再将鳊鱼块下锅炸酥，铺在冬笋等料上即成。

【营养功效】此菜含蛋白质、维生素，还含丰富的纤维素，能促进肠道蠕动。

小贴士

炸冬笋的时候油不要太热，否则不能使笋里熟外白。

主料： 鳊鱼 150 克，冬笋 300 克，猪肉 50 克。

辅料： 香菇、料酒、酱油、清汤、淀粉、味精、食用油各适量。

胶东酥鱼

制作方法

1. 鲫鱼宰杀洗净；白菜洗净；取葱末和花椒投入烧热的油锅里，炸出香味，捞出花椒和葱末，葱椒油留用。

2. 取一大沙锅，用白菜帮垫锅底，上面先摆一层肥肉片，再将鱼摆好，加高汤、醋、料酒、盐、糖、鱼露、葱、姜烧开。

3. 加葱椒油，加盖用小火煨焖 6 小时以上，至鱼骨全部酥透即成。

【营养功效】鲫鱼所含的蛋白质质优、齐全、易于消化吸收，是肝肾疾病、心脑血管疾病患者的良好蛋白质来源。

小贴士

鲜鱼剖开洗净，在牛奶中泡一会儿既可除腥，又能增加鲜味。

主料： 鲫鱼 500 克，猪肉 150 克，白菜 100 克。

辅料： 葱、高汤、花椒、姜、盐、醋、料酒、鱼露、糖、食用油各适量。

三色鱼头汤

主料：鳙鱼头500克，白豆腐50克，胡萝卜20克，香菇10克。

辅料：姜、葱、料酒、清汤、食用油、盐、味精、胡椒粉各适量。

制作方法

1. 鱼头洗净，斩成块；香菇去蒂；胡萝卜、生姜切片；白豆腐切块；葱切段。

2. 锅内放食用油，放入姜片、鱼头，小火煎至稍黄，烹入料酒，注入清汤，中火煮沸。

3. 待滚至汤白，加香菇、胡萝卜、白豆腐，调入盐、味精、胡椒粉、葱段，3分钟后起锅即可。

【营养功效】鱼头含有多种胶质及蛋白，能延缓衰老。

小贴士

鱼头要煲熟，因鱼头中存在着很多不利于健康的物质。

花仁鱼排

主料：草鱼800克，花生米150克，鸡蛋3个。

辅料：淀粉、食用油、蛋豆粉、盐、姜、葱、料酒各适量。

制作方法

1. 将鱼宰杀洗净，取鱼肉切成厚1厘米的块，用姜、葱、料酒、盐腌渍10分钟；鸡蛋清和淀粉调匀成蛋浆；花生米炸酥碾成细粒。

2. 将鱼块挂上蛋浆，裹匀蛋豆粉，再滚上一层花生细粒，入热油锅中逐块炸至表层酥透且呈金黄色时捞起，装盘即成。

【营养功效】草鱼含有丰富的硒，经常食用有抗衰老、养颜的功效，对肿瘤也有一定的防治作用。

小贴士

炸制时油温应稍低，以防花生米出现焦糊现象。

烹带鱼

制作方法

1. 带鱼两面剞花刀，再用刀斜剁成长7厘米左右的条块，放入篮子中用水冲洗，并不断将篮子来回晃动，使鱼块相互碰撞，清除碎鳞和血水，沥干水分。

2. 锅置中火上，放入糖、醋、盐，待溶化后，加入姜末、葱末制成卤汁。

3. 锅置大火上，烧油至八成热，下鱼炸至八成熟时捞起，拣去碎渣，再将刀鱼下锅重炸至酥透后滗油，趁热把卤汁浇在鱼上，颠翻几下即成。

【营养功效】带鱼的脂肪含量高于一般鱼类，但多为不饱和脂肪酸，且脂肪酸的碳链较长，具有降低胆固醇的作用。

小贴士

炸鱼块要重油，第一次定型成熟，第二次上色酥透，趁热浇卤汁，立即上桌。

主料： 带鱼 500 克。

辅料： 食用油、葱末、姜末、盐、糖、醋各适量。

海鲜黄瓜汤

制作方法

1. 黄瓜洗净后切成薄片，水发海参顺长切成片，香菜切成段，干贝撕成丝。

2. 炒锅上火，加入鲜汤、盐、料酒、葱姜汁、味精煮沸，再加入海参、虾米、干贝煮沸。

3. 撇去浮沫，加入黄瓜、香菜，淋上香油，盛入汤碗中即成。

【营养功效】此菜消食开胃、补益肝肾，适用于眩晕症、腰腿痛、遗精、性欲低下。

小贴士

黄瓜的胡萝卜素C能有效抗皮肤老化，减少皱纹。

主料： 黄瓜 150 克，水发海参 50 克，虾米 50 克，干贝 50 克。

辅料： 香菜、鲜汤、料酒、盐、味精、葱姜汁、香油各适量。

油焖武昌鱼

主料: 武昌鱼500克,猪膘肉50克,笋干20克。

辅料: 红椒、食用油、葱、糖、姜末、酱油、料酒、盐、味精各适量。

制作方法

1. 将武昌鱼宰杀洗净,用酱油抹匀腌片刻。猪膘肉、红椒、葱、笋干均切成粗丝。

2. 锅内放食用油烧热,下入武昌鱼炸至两面金黄色,捞出沥油。

3. 炒锅留底油烧热,放入猪膘肉、红椒、葱、笋干煸炒出香味,放入武昌鱼,加入料酒、姜末、酱油、糖、味精、盐煮沸,改小火焖10分钟即可。

【营养功效】武昌鱼高蛋白质,脂肪低,具有补血、健胃益脾的功效。

小贴士

武昌鱼是驰名中外的名产,盛产于武昌县和鄂州市共管的梁子湖中,是席上珍馐。

榨菜蒸鲈鱼

主料: 鲈鱼750克。

辅料: 淀粉、葱、姜、榨菜、香菜、盐、胡椒粉、食用油、香油各适量。

制作方法

1. 鲈鱼宰杀洗净,斩件;葱白切段;姜切片;榨菜切细条。

2. 将榨菜细条、姜片和鲈鱼及半分量的葱白一起放入碗中,加盐、淀粉、胡椒粉一起拌匀,铺于盘中,淋上油。

3. 将鲈鱼隔水蒸熟,撒上葱白及香菜,淋上香油即成。

【营养功效】榨菜主要含蛋白质、胡萝卜素、膳食纤维、矿物质等,还含有谷氨酸、天冬门氨酸等17种游离氨基酸,很多营养成分都是人体必需的。

小贴士

将鱼去鳞剖腹洗净,放入盆中倒一些料酒,能除去鱼的腥味,使鱼滋味鲜美。

制作方法

1. 将韭菜、红椒切成4厘米长的条，银鱼洗干净。

2. 锅内放食用油烧滚，放入银鱼炸一下，捞出。

3. 另起锅，投入姜末、红椒、花椒、韭菜翻炒片刻，加入炸好的银鱼，放盐、味精、胡椒粉调味即可。

【营养功效】银鱼属高蛋白、低脂肪食品，高脂血症患者食之亦宜。

小贴士

银鱼不能与枣（干）同食，否则会令人腰腹作痛。

韭菜炒银鱼

主料: 干银鱼100克，韭菜250克。

辅料: 红椒、姜、食用油、盐、味精、胡椒粉、花椒各适量。

制作方法

1. 将鳗鱼宰杀洗净，切成长块，用酱油、味精、料酒、糖、香糟浆匀，腌渍7分钟，加水淀粉抓匀。

2. 锅内放食用油烧热，把鳗鱼块下锅拨散炸5分钟，倒入漏勺沥油。

3. 锅回大火上，加入清汤、糖、咖喱粉、姜、蒜、葱炒匀，下鳗鱼块同烧半分钟，起锅即可。

【营养功效】河鳗肉质细嫩，味道醇美，富含蛋白质、脂肪、钙、磷及维生素A、B族维生素、维生素C，为强身壮体的营养食品。

小贴士

鳗鱼块用各种调料腌渍一段时间后，再加水淀粉抓匀，可充分入味。

煎糟鳗鱼

主料: 河鳗500克。

辅料: 水淀粉、蒜、香糟、料酒、糖、咖喱粉、酱油、清汤、味精、葱、姜各适量。

芦笋海参汤

主料： 芦笋50克，水发海参100克。

辅料： 葱、姜、食用油、盐、味精各适量。

1. 芦笋洗净切片，海参切片。

2. 将油放入锅中烧热，投入葱、姜炝锅，加入芦笋、海参快速翻炒，加入开水，小火煨30分钟。

3. 加入盐、味精即可。

【营养功效】海参富含蛋白质、矿物质、维生素等营养成分，可补血益精、养血润燥。

小贴士

芦笋中的叶酸很容易被破坏，应尽量避免高温烹煮。

姜葱海参

主料： 水发海参500克。

辅料： 葱、姜、盐、味精、糖、清汤、水淀粉、酱油、料酒、花椒油、猪油各适量。

1. 把海参处理干净切长条段，放沸水锅里氽一下，倒出沥水；葱切成滚刀块；姜切成末。

2. 锅置火上，放猪油烧热，放入葱段和姜末煸炒出香味并发黄时，放上酱油、料酒、盐、味精、糖和清汤。

3. 煮沸后放入海参段，用中小火烧透入味，用水淀粉勾芡，颠锅炒匀，淋上花椒油即成。

【营养功效】海参含丰富的蛋白质、钙和钠，是滋补食品，具有补肾益精、提高记忆的作用。

小贴士

发好的海参不能久存，最好不超过3天，存放期间用凉水浸泡，不要沾油，每天换水2～3次，或放入冰箱的冷藏室中。

雪花鱼丝羹

制作方法

1. 大黄鱼片下肉，加入盐，捶成泥，拌上淀粉，用擀面杖擀成薄片。

2. 将鱼片放入沸水氽1分钟捞出，在冷水中过凉，捞出切成粗丝；鸡蛋清打散；冬笋、水发香菇、熟火腿均切成细丝。

3. 炒锅置大火上，下高汤煮沸，入鱼丝、笋丝、香菇丝，加盐、味精，煮沸，用水淀粉勾薄芡，倒入蛋清搅拌一下，加锅盖焖5秒钟，淋上油，放入葱末、熟火腿丝即可。

【营养功效】此菜含有蛋白质和多种氨基酸等，具有养肾、补血、促进睡眠和开胃之效。

小贴士

选完整无伤的冬笋，放入塑料袋中，扎紧袋口，可存放一个月。

主料: 大黄鱼600克。

辅料: 火腿、冬笋、香菇、淀粉、鸡蛋清、食用油、高汤、盐、味精、葱各适量。

豆芽蛤蜊瓜皮汤

制作方法

1. 绿豆芽择洗干净，冬瓜带皮切块，备用。

2. 冬瓜、蛤蜊肉洗净，放入锅内，加清水适量，大火煮沸，小火煲半小时。

3. 豆腐入油锅稍煎香，与绿豆芽一起放入汤内，煮沸片刻，加入酱油、味精、盐调味即成。

【营养功效】此菜清淡可口，是防暑、清热利湿的保健汤，有利水消肿、补益脾胃的功效。

小贴士

韭菜与绿豆芽搭配食用可解除人体内的热毒，加之韭菜含膳食纤维较多，能通肠利便。

主料: 蛤蜊肉250克。

辅料: 绿豆芽、豆腐、冬瓜、食用油、酱油、盐、味精各适量。

椒盐虾

主料: 河虾 400 克。

辅料: 青椒、红椒、葱、蒜、姜、食用油、盐、味精、胡椒粉、辣椒油各适量。

制作方法

1. 用剪刀剪去虾枪、虾脚，青椒、红椒切成细粒。

2. 锅内放食用油，烧滚，投入虾炸熟，捞起沥油。

3. 另起锅，放入青椒粒、红椒粒、蒜蓉、姜末、葱花、虾，调入盐、味精、胡椒粉、辣椒油，翻炒至入味。

【营养功效】河虾具有补肾壮阳、开胃化痰的功效。

小贴士

虾不宜与石榴同食。

荔枝虾仁

主料: 荔枝 250 克，鲜虾 200 克。

辅料: 葱、姜末、食用油、熟鸡油、清汤、盐、料酒、水淀粉、米醋、鸡蛋各适量。

制作方法

1. 鲜虾处理干净，加盐和料酒腌渍 10 分钟，再加鸡蛋清和淀粉拌匀上浆。将荔枝切成块，加上葱姜末、盐、料酒、米醋、清汤和水淀粉兑味。

2. 锅内放食用油烧至四成热，放入虾仁滑散至熟，捞出沥油。

3. 净锅置大火上烧热，放入兑好味的荔枝肉翻炒一下，加熟虾仁炒匀，淋熟鸡油即可。

【营养功效】此菜补肾壮阳、生津益血、健脾止泻、温中理气，能够治疗贫血、脾虚久泻、气虚胃寒等病症。

小贴士

虾不宜和葡萄、石榴、山楂、柿子等水果同食。

健胃开边虾

制作方法

1. 基围虾剪去部分须爪后，用刀从头往尾部片开，并保持尾部不断开。

2. 水发粉丝垫在大盘中，把片开的虾掰开后整齐地摆放在粉丝上。

3. 起锅放食用油烧热，下入盐、蚝油、豆豉、酱辣椒炒兑成汁，淋在虾肉上，将虾盘入笼大火蒸熟，撒葱花即可。

【营养功效】基围虾是一种蛋白质非常丰富、营养价值很高的食物，其中维生素A、胡萝卜素和矿物质含量比较高，脂肪含量低，且多为不饱和脂肪酸。

小贴士

掌握好蒸制时间，5分钟之内即可，质感好。

主料： 基围虾500克。

辅料： 豆豉、酱辣椒、水发粉丝、盐、蚝油、食用油、葱花各适量。

山竹炒虾仁

制作方法

1. 山竹去外壳取果肉；葱洗净，切小段。

2. 虾去肠泥，洗净后以干布吸干水分，拌腌于由盐、蛋清、淀粉拌成的味料中，入冰箱冷藏1小时。

3. 起油锅入油，以中火烧至五成热，入虾仁滑开，待颜色变红后捞出沥油。锅中留油，爆香葱段，入山竹炒出香味，加入虾仁及莱姆酒、盐、水淀粉炒匀即可。

【营养功效】此菜滋补肝肾、增强体力，可改善腰膝酸软、遗精等症状。

小贴士

若虾与枸杞子搭配同食，有补肾助阳之效，对阳痿、遗精、滑泄、尿频等症有一定疗效。

主料： 山竹600克，虾300克。

辅料： 葱、食用油、盐、蛋清、淀粉、莱姆酒各适量。

大虾萝卜汤

主料： 大虾 150 克，白萝卜 100 克。

辅料： 食用油、醋、葱花、盐、胡椒粉各适量。

制作方法

1. 将萝卜洗净，切成丝；大虾剪去虾枪。

2. 炒锅烧热，加食用油适量烧热，加入葱花炝锅，加入大虾，翻炒几下。

3. 虾锅中加入适量水和萝卜丝，八成熟时，加入醋、盐、胡椒粉调味，烧开即可。

【营养功效】胡萝卜素可被小肠壁转变为维生素A，对于用眼过度和经常熬夜的人来说，能起到缓解疲劳的作用。

小贴士

　　白萝卜与胡萝卜不可同吃，胡萝卜中含有一种叫解酵素的物质，会破坏白萝卜里含量极高的维生素 C。

鲜虾香芒盏

主料： 鲜虾仁 80 克，大芒果 100 克，西芹、胡萝卜各 30 克，炸腰果仁 30 克。

辅料： 蒜、姜、生抽、料酒、上汤、水淀粉、食用油各适量。

制作方法

1. 将芒果切开两半，起肉切丁；西芹、胡萝卜均切成丁。

2. 烧锅放食用油烧至六成熟，放入鲜虾仁氽油至熟，接着放入胡萝卜丁、西芹丁略氽油，一起捞出沥油。

3. 另起锅，下姜末、蒜蓉爆香，放入胡萝卜丁、西芹丁、虾仁翻炒，加料酒、生抽、上汤调味，水淀粉勾芡，下炸腰果仁、芒果丁炒匀倒入切开两半起肉后的芒果上即可。

【营养功效】虾仁含蛋白质、脂肪、卵磷脂及维生素A、维生素 B_2 等成分，味甘、性凉，有补肾壮阳之功效。

小贴士

　　烹制虾仁的菜肴尽量少放调味品，以免抢去虾仁原本的鲜嫩感。

鲜虾烩时蔬

制作方法

1. 虾处理干净，压背部轻划一刀，放入热油略炸，捞出沥油；姜洗净；油菜汆烫，排入盘中。

2. 花椰菜切小块，放入热油略炸，捞出，汆烫，放入锅中加高汤、姜汁、盐、料酒，煮至入味，盛入油菜盘中。

3. 锅中倒入食用油烧热，爆香姜片，倒入剩下的调料煮开，加入虾略煮，入水淀粉勾芡，捞出，盛在花椰菜上，撒上葱末、红辣椒末，淋上香油即可。

【营养功效】虾肉口感鲜脆，具有补肾壮阳之功效。

小贴士

　　虾为发物，急性炎症、皮肤疥癣及体质过敏者忌食。

主料： 虾 50 克，花椰菜 200 克，油菜 150 克。

辅料： 姜、高汤、料酒、葱、红辣椒末、水淀粉、酱油、姜汁、米酒、盐、香油、食用油各适量。

葱头大虾汤

制作方法

1. 大虾去头、皮，除掉沙肠，洗净切片，用牛肉汤加盐煮熟备用。

2. 锅置火上，放食用油烧热，放葱头丝、大蒜末炒香，放上香叶备用。

3. 锅复置火上，油烧热，放面粉炒至微黄，用滚沸的牛肉汤冲之，搅匀微沸后，放上炒好的葱头、蒜末、香叶和煮熟的虾片，加盐、胡椒粉调味，入白兰地酒和白葡萄酒，煮至微沸即可。

【营养功效】虾肉蛋白质含量丰富，温中散寒，补脑补钙。

小贴士

　　葱有发汗解表、通阳散寒、驱虫杀毒之功效，可防治感冒。

主料： 大虾 500 克，葱头、面粉各100 克。

辅料： 大蒜、香叶、白兰地酒、白葡萄酒、盐、胡椒粉、牛肉汤、食用油各适量。

炒大明虾

主料: 明虾肉400克, 韭黄250克, 水发香菇15克。

辅料: 青椒、猪油、上汤、胡椒粉、香油、料酒、水淀粉、味精、鱼露、食用油各适量。

制作方法

1. 虾肉洗净, 用刀从虾背片开, 剔去虾肠, 浸在淀粉水里; 香菇切片; 韭黄切段; 将味精、胡椒粉、香油、鱼露、料酒、水淀粉和少许上汤调成芡; 青椒切片。

2. 锅烧热, 放食用油, 用大火烧至七成热时, 投入虾肉爆炒至熟, 倒出沥油。

3. 原锅放入猪油, 将香菇、韭黄、青椒炒香, 再把虾肉下锅, 放芡, 颠翻几下, 迅速起锅装盘即成。

【营养功效】虾含有丰富的钾、碘、镁、磷等微量元素和维生素A等成分。

小贴士

在处理虾时, 要去掉其背上的虾肠, 那是虾未排泄完的废物, 吃到嘴里有泥腥味, 影响食欲。

彩色虾球

主料: 虾仁300克。

辅料: 姜、葱、小黄瓜、胡萝卜、盐、料酒、淀粉、香油、食用油各适量。

制作方法

1. 小黄瓜洗净切丁; 胡萝卜取尾段, 去皮, 切丁; 姜切片; 葱切段。

2. 虾仁由背部划一刀, 挑除肠泥, 用盐抓洗干净, 擦干水分, 再用盐、料酒、淀粉抓拌均匀, 腌7~8分钟。

3. 锅中放食用油烧热, 放入虾仁、姜片、葱段翻炒至九成熟, 再放入小黄瓜, 加盐、香油炒匀, 出锅即可。

【营养功效】虾肉具有补肾壮阳、填精通乳之功效, 可治疗阳痿、乳汁不通等症。凡虾类皆可补钙, 尤以虾皮补钙效果为佳。

小贴士

新鲜的虾肉有弹性, 不新鲜的则往往发干、发软。

制作方法

1. 冬瓜去皮及瓤，冲净后切粗粒；鲜香菇冲净切粒；鸡蛋搅匀；虾仁去肠，冲净抹干，拌入腌料待5分钟。

2. 清鸡汤煮沸，加冬瓜煮至软，再加鲜香菇及虾仁煮熟。

3. 勾薄芡及拌入蛋成滑蛋，上碟即成。

【营养功效】香菇是一种高蛋白、低脂肪的保健食品，含多种维生素，还含有钙、磷、铁、钾、镁、铜等微量元素。

小贴士

凡脾胃虚寒及顽固性皮肤瘙痒者当少食或不食香菇。

冬瓜鲜菇烩滑虾

主料： 冬瓜640克，鲜香菇5朵，清鸡汤500毫升，虾仁160克。

辅料： 鸡蛋、淀粉、盐、香油、胡椒粉各适量。

制作方法

1. 将鲜虾剪去须与脚，用清水洗净，沥干；葱切长丝。

2. 将鲜虾放入碗中，加米酒，将虾醉约10分钟，捞出放在蒸笼上蒸10分钟。

3. 用酱油、味精、葱和香油调成蘸汁，食用虾时，蘸食即可。

【营养功效】此菜可保护心血管系统、防止动脉硬化。

小贴士

用来醉虾的米酒可以倒入蒸锅的水中，这样蒸汽中也带有酒味。虾要趁热吃才好吃。

清蒸醉虾

主料： 鲜虾500克。

辅料： 葱、米酒、酱油、味精、香油各适量。

照烧麻虾

主料: 麻虾 500 克。

辅料: 盐、食用油各适量。

制作方法

1. 将麻虾穿好，摆上炉板。

2. 大火烤 2~3 分钟，等虾身开始变干时，再擦上油。

3. 擦完油后，撒盐即可。

【营养功效】久病体虚、气短乏力、饮食不思、面黄羸瘦者都可将虾肉作为滋补和疗效食品。

小贴士

发红、拖垮的虾肉，不宜食用。

河虾烧墨鱼

主料: 墨鱼 200 克，河虾 80 克，芥蓝 100 克。

辅料: 姜、食用油、盐、味精、糖、蚝油、料酒、水淀粉、香油各适量。

制作方法

1. 墨鱼切刀花，河虾去掉虾枪洗净，生姜切小片，芥蓝切成片。

2. 将油倒入锅中烧热，放入墨鱼卷、河虾，泡炸至八成熟倒出。

3. 锅内留底油，放入姜片、芥蓝煸炒片刻，投入墨鱼卷、河虾，烹料酒，放盐、味精、糖、蚝油，大火炒至入味，用水淀粉勾芡，淋入香油即可。

【营养功效】墨鱼含有丰富的蛋白质、维生素D、维生素K、钙、磷、钾、钠、镁、硒等多种营养物质。

小贴士

购买河虾时，一般头部与身体连接紧密的都比较新鲜。

制作方法

1. 虾干温水泡软，洗净；鸡蛋磕入碗调匀；紫菜撕碎入汤碗；白菜叶切丝。

2. 炒锅上火烧热，加入食用油，放葱末煸香，加入开水，放入虾干，小火煮至熟透，加入盐、白菜叶和紫菜。

3. 淋入鸡蛋液，待鸡蛋花浮于汤面，加味精、香油即可。

【营养功效】紫菜性凉，味甘、咸，营养特别丰富，其所含的蛋白质与大豆差不多，具有软坚散结、清热化痰、利尿之功效。

小贴士

吃虾时不宜服维生素 C。

紫菜虾干汤

主料：虾干、白菜叶各 50 克，紫菜 25 克。

辅料：鸡蛋、葱、食用油、盐、味精、香油各适量。

制作方法

1. 虾仁放入加盐的清水冲洗干净，沥水，用刀平拍烂；肥膘肉切片，与虾仁一起剁成糜。

2. 将姜、葱捣烂，用料酒取汁，与盐、味精、蛋清、面粉和汤一起加到虾仁肉糜中，搅拌成虾糜。

3. 蒸碗内抹上油，放入虾糜，再均匀地放上莲子成莲蓬形，上笼蒸熟，取出放入胡椒粉、熟油即成。

【营养功效】肥膘肉中富含脂肪酸，能提供极高的热量，并且含有蛋白质、B 族维生素、维生素 E、钙、铁、磷、硒等营养元素。

小贴士

虾仁放入加盐的清水中，要用筷子搅一会，使虾肉上残存的薄膜脱落，再用水继续冲几遍，直到薄膜、虾脚冲净成为雪白的虾仁。

莲蓬虾糜

主料：虾仁 500 克，肥膘肉 50 克，鸡蛋清 40 克，莲子 50 克。

辅料：面粉、汤、胡椒粉、葱、姜、盐、味精、料酒各适量。

牡蛎汤

主料: 生牡蛎 20 克,知母 6 克。

辅料: 莲子、糖、葱各适量。

制作方法

1. 莲子洗净,热水浸泡 1 小时。

2. 将生牡蛎、知母放入沙锅内,加适量清水,小火煎半小时,滤汁弃渣。

3. 药汁、莲子连浸液一起放入锅内小火炖至莲子熟烂,加适量糖,撒上葱花即可。

【营养功效】此汤补肝益肾、健脾安神、潜阳固精,适宜容易盗汗、心烦、潮热者食用。

小贴士

脾胃虚寒及便秘者禁用。

三鲜鱿鱼汤

主料: 鱿鱼 150 克,猪里脊肉 50 克,菜心 100 克。

辅料: 葱、姜、食用油、清汤、料酒、胡椒粉、盐、味精、碱水各适量。

制作方法

1. 鱿鱼用碱水泡发 30 小时,洗净切片。

2. 菜心洗净,猪里脊肉切片,葱洗净切段,姜洗净切片。

3. 炒锅置大火上,加食用油,放入葱、姜煸炒出香味,加清汤、鱿鱼、肉片、料酒、盐烧开,撇去浮沫,加菜心、味精、胡椒粉煮沸,起锅即可。

【营养功效】此汤养阴退热、滋燥补血,适用于秋季肾精不足、肝血亏虚而致的腰痛头晕、下肢或颜面虚胖、手足心热、口干不渴等症。

小贴士

鱿鱼有滋阴养胃、补虚润肤的功效,含有丰富的钙、磷、铁,对骨骼发育和造血十分有益,可预防贫血。

干煸鱿鱼丝

制作方法

1. 干鱿鱼去骨和头尾，横切成细丝，用温水洗净，挤干水；猪肉切成粗丝；绿豆芽去根和芽瓣；青、红辣椒切丝。

2. 炒锅置中火上，放食用油烧至六成热，放入鱿鱼丝略煸炒，烹入料酒，放入肉丝翻炒。

3. 加入绿豆芽、青椒、红椒丝炒匀，放盐、酱油炒出香味，加味精，淋香油即成。

【营养功效】鱿鱼营养价值极高，蛋白质含量达 16% ~ 20%，脂肪含量极低，只有不到 1%，因此热量极低。

小贴士

因鱿鱼干含水分很少，所以煸炒要火大、油滚烫、翻动快，煸炒时以六成油温为宜。

主料： 干鱿鱼 100 克，猪瘦肉 100 克，绿豆芽 100 克。

辅料： 青椒、红椒、料酒、香油、食用油、酱油、味精、盐各适量。

快炒鱿鱼片

制作方法

1. 青蒜洗净，与红椒同切斜片；鱿鱼撕去表面皮膜，洗净，由内面斜切交叉花刀，再切块。

2. 将鱿鱼块放入温水中汆烫一下，待起卷，马上捞起。

3. 锅中放食用油烧热，炒香蒜片、红椒、姜片，放入料酒、糖、盐、酱油、香油及鱿鱼炒匀，起锅前放入青蒜叶即可盛盘。

【营养功效】鱿鱼是一种名贵滋补的海产品，在营养滋补的同时，还拥有独特的风味，实为下酒佐餐之家常菜。

小贴士

鱿鱼肉质细、易缩，经不起长时间的烧煮。要将鱿鱼炒得入味，先要在鱿鱼身上切纵横刀口，一方面美观，另一方面调味料也较易渗入，切块后入沸水中汆烫取出，再用大火爆炒。炒鱿鱼时油中先加盐，炒出来的鱿鱼才会入味。

主料： 水发鱿鱼 500 克。

辅料： 料酒、青蒜、红椒、姜、蒜、淡色酱油、食用油、糖、盐、香油各适量。

紫苏炒螺

主料: 螺蛳 500 克，紫苏 80 克，青椒、红椒各 50 克。

辅料: 姜、葱、蒜、食用油、辣椒酱、生抽、盐、味精、水淀粉、胡椒粉各适量。

制作方法

1. 紫苏切成短段；青椒、红椒切圈，螺剪去尾部，洗净。

2. 锅内放食用油，加姜末、葱花、蒜末、辣椒酱、青、红椒圈爆炒，入螺和紫苏炒入味，加水、生抽焖烧。

3. 至汤汁剩少许时，用水淀粉勾芡，加胡椒粉、盐、味精，出锅装盘即可。

【营养功效】此菜可散寒解表，行气宽中。

小贴士

鲜紫苏叶有止血的作用。

红枣田螺汤

主料: 田螺 1000 克，车前子 30 克，红枣 10 克。

辅料: 葱、胡椒粉、盐、味精各适量。

制作方法

1. 先用清水静养田螺 1～2 日，经常换水洗，漂去污物，斩去田螺壳顶尖；红枣（去核）洗净。

2. 用纱布包车前子，与红枣、田螺一同放入锅里，加清水适量，大火煮沸。

3. 改小火煲 2 小时，加入胡椒粉、葱段、盐、味精调味即成。

【营养功效】此菜可利水通淋，清热祛湿。

小贴士

此汤适合于夏季饮用。常吃田螺肉，可以滋阴补肾、明目，增强肌肉弹性，使皮肤光滑细嫩。

制作方法

1. 田螺肉洗净；把香菇、芥蓝分别切成块；葱切段，分葱白与青葱待用。

2. 热锅注入少许油，投入葱白段炒出香味，加入田螺肉、香菇、芥蓝、虾米同炒。

3. 烹入料酒，加酱油、糖，注入清汤，小火焖至汤汁浓稠时，加青葱段、味精、胡椒粉调味，用水淀粉勾芡，淋上少许油即可。

【营养功效】食用田螺对治狐臭有一定疗效。

小贴士

　　清洗田螺时，把田螺放在清澈的水中，放入5毫升左右的食用油，让田螺自己将身体内的污物吐出来。

红烧田螺肉

主料: 田螺肉 500 克，水发香菇 50 克，芥蓝菜 100 克。

辅料: 虾米、葱、酱油、水淀粉、糖、味精、清汤、料酒、食用油、胡椒粉各适量。

制作方法

1. 将螺蛳放清水中漂养，其间换水 1 次，剪去螺蛳尾壳，洗净。

2. 将红椒洗净，切碎，和蒜泥、姜末入油锅煎炒 2～3 分钟，倒入螺蛳翻炒，加料酒、酱油、糖、盐。

3. 翻炒 10 分钟，调入葱末、味精、胡椒粉即成。

【营养功效】此菜温经散寒、开胃消食，适用于风湿性关节炎、肥大性关节炎、慢性关节炎者食用。

小贴士

　　螺蛳内常有寄生虫，买回来后宜放在清水中泡上 1 天，并常换水。

辣椒炒螺蛳

主料: 螺蛳 500 克，红椒 2 个。

辅料: 葱、蒜、姜、料酒、酱油、盐、味精、糖、胡椒粉、食用油各适量。

煮丝瓜蟹肉

主料: 蟹肉 80 克, 丝瓜 120 克。

辅料: 姜、盐、料酒、食用油、高汤各适量。

制作方法

1. 丝瓜洗净, 去皮去瓤, 切成条状。

2. 将丝瓜放入开水中稍微烫熟后取出, 沥干水分。

3. 锅中放食用油烧热, 倒入高汤, 加盐、姜片, 放入丝瓜条, 再放蟹肉煮片刻, 放入料酒调味即可。

【营养功效】蟹肉不仅味道鲜美, 而且营养丰富, 是一种低脂肪、高蛋白的补品, 含有丰富的维生素 D、钙、磷、钾、钠、硒等多种营养物质。

小贴士

吃蟹时和吃蟹后 1 小时内忌饮茶水。

丝瓜干贝

主料: 丝瓜 600 克, 金针菇 150 克, 干贝 75 克。

辅料: 食用油、葱、姜、盐、水淀粉各适量。

制作方法

1. 丝瓜洗净, 去皮, 切成 4 厘米长、3 厘米宽的大块; 葱洗净, 切段; 姜去皮, 切片; 金针菇切除根部, 洗净。

2. 干贝洗净, 泡水 3 小时, 放碗中, 加水, 移入蒸锅中蒸至熟软, 取出沥干水分, 撕成丝。

3. 锅中倒入食用油烧热, 放入葱、姜爆香, 加入丝瓜以大火炒熟, 再加入适量水煮至丝瓜软烂, 最后加入干贝丝、金针菇及盐煮匀, 淋入水淀粉勾芡, 盛出即可。

【营养功效】丝瓜具有清热化痰、凉血解毒、安胎通乳之功效。

小贴士

丝瓜汁水丰富, 宜现切现做, 烹制时应注意尽量保持清淡, 油要少用, 可用味精或胡椒粉提味, 这样才能显示丝瓜香嫩爽口的特点。

葱姜炒花蟹

制作方法 ○·•

1. 花蟹宰杀，腹部朝上放菜板上，用刀在脐甲的中线剁开，揭去蟹盖，刮掉鳃，剁去螯，螯切成两段，再用刀拍破蟹壳，将每个半身蟹身再各切成四块，每块各带一爪。

2. 炒锅用大火烧热，下猪油，烧至六成热，下入花蟹，氽熟，捞起。

3. 炒锅留底油，爆炒姜片、葱段、蒜泥，待出香味时，下蟹块炒匀，依次放料酒、清水、盐、糖、酱油、味精，加盖略烧，至锅内水将干时，下猪油、香油、胡椒粉、红辣椒炒匀，用水淀粉勾芡，出锅即可。

【营养功效】蟹肉铁含量比一般鱼类高出 5～10 倍，具有较高的药用价值，有清热、散淤血、通经络等作用。

小贴士

　　螃蟹性寒，脾胃虚寒、便溏腹泻、妇女痛经者忌食。

主料： 花蟹 250 克，姜、葱各 20 克。

辅料： 红辣椒、猪油、蒜、盐、味精、糖、酱油、淀粉、香油、料酒、胡椒粉各适量。

山药甲鱼汤

制作方法 ○·•

1. 将甲鱼宰杀干净，放入热水中浸泡 1 小时左右，斩为 8 块；将山药、枸杞子洗净。

2. 将甲鱼块下沸水锅中氽去血水，捞出洗净。

3. 锅中注入适量清水，加入甲鱼块、山药、枸杞子、料酒、盐、葱、姜、猪油，煮至甲鱼肉熟烂入味，拣去葱、姜出锅即可。

【营养功效】甲鱼不仅肉味鲜美，营养丰富，蛋白质含量高，还含有维生素A、钙、磷、钾、镁等多种对身体有益的营养物质。

小贴士

　　山药是偏补的药，甘平且偏热，体质偏热、容易上火者慎食。

主料： 甲鱼 500 克，枸杞子 30 克，山药 30 克。

辅料： 料酒、盐、葱、姜、猪油各适量。

蒜薹烧蚌肉

主料: 河蚌 500 克。

辅料: 红椒、蒜薹、蒜、姜、食用油、盐、料酒、香油、味精、糖各适量。

制作方法

1. 将蒜薹洗净,切成3厘米长的段,红椒切丝。

2. 将河蚌取肉洗净,放入沸水锅中汆一下,捞出切成片,加料酒、盐拌匀备用。

3. 炒锅置火上,放食用油烧热,放入蒜蓉、生姜末爆香,下蒜薹段、红椒煸炒至半熟,加入河蚌肉,煮沸5分钟,加糖、味精、香油调味即成。

【营养功效】此菜尤其适宜于贫血、厌食、疲劳综合征、高血压、高脂血、动脉硬化等患者食用。

小贴士

不要食用未熟透的贝类,以免传染上肝炎等疾病。

干贝香菇
蒸豆腐

主料: 豆腐 500 克,干香菇 10 克,胡萝卜 15 克,干贝 30 克。

辅料: 食用油、生抽、糖、盐各适量。

制作方法

1. 干香菇泡发撕丝,干贝泡发撕丝,胡萝卜切粒。

2. 锅里倒少许油烧热,将干贝丝爆炒一下,倒入香菇和胡萝卜翻炒,加盐、糖、生抽,倒入泡干贝的水煮开盛起备用。

3. 豆腐用水洗一下然后切块摆盘,上笼蒸5分钟左右倒去多余的水分,将炒好的干贝、香菇、胡萝卜倒在豆腐上再蒸 10 分钟即可。

【营养功效】干贝含有蛋白质、脂肪、碳水化合物、维生素 A、钙、钾、铁、镁、硒等营养元素,还含丰富的谷氨酸钠。

小贴士

干贝烹调前应用温水浸泡涨发,将其剥去老筋,洗去泥沙。

制作方法

1. 新鲜鲍鱼洗干净，生地、陈皮洗净。

2. 冬瓜保留冬瓜皮，切成块。

3. 瓦煲内加入适量清水，先用大火煲至水沸，再放入以上全部材料，改用中火煲2小时，加盐调味即可。

【营养功效】此汤清热解毒，滋阴补肾，疏肝散结。

小贴士

进食鲍鱼或鲍鱼汤时不宜同时食用葡萄、山楂、石榴、柿子等水果，以免引起呕吐、腹胀、腹痛、腹泻等症状。

生地冬瓜鲍鱼汤

主料：新鲜鲍鱼400克。

辅料：生地、冬瓜、陈皮、盐各适量。

制作方法

1. 海参用温水浸透洗净，切成长块；香菇、冬虫夏草用温水浸泡洗净；鲍鱼去壳洗净。

2. 全部材料一同置于炖盅，加料酒、适量清水，炖盅加盖，隔水慢炖。

3. 待锅内水开，用大火炖1小时，再用小火炖2小时，放食用油、盐即可。

【营养功效】此汤可养颜补血、润泽肌肤。

小贴士

鲍鱼内侧比较脏，要仔细清洗，煲出来的汤才不会带泥味。

虫草鲍参汤

主料：鲍鱼400克，海参40克。

辅料：桂圆、冬虫夏草、香菇、料酒、食用油、盐各适量。

黄芪红枣乌龟汤

主料： 乌龟300克，黄芪30克，红枣5克。

辅料： 食用油、姜、葱，盐各适量。

制作方法

1. 黄芪、红枣分别洗净，红枣去核；生姜切丝；葱洗净切段；乌龟宰杀并洗净。

2. 起油锅放入乌龟、姜，炒至乌龟半熟。

3. 上述材料一同放入沙煲，加清水适量，大火煮沸后小火煲熟，加盐调味即可。

【营养功效】此汤养血补气、养阴润燥、美容养颜。

小贴士

乌龟营养价值很高，用于煲汤，具有补中益血、补虚壮阳、强筋健骨的功效。

面筋烧牡蛎

主料： 牡蛎肉150克，面筋100克。

辅料： 青蒜、姜、葱、料酒、味精、糖、花椒水、生抽、盐、食用油、水淀粉、香油各适量。

制作方法

1. 牡蛎洗净取肉，面筋切块，青蒜、葱切段，姜切末。

2. 在锅内放食用油，待油热后，放入花椒水、料酒、味精、糖、盐稍煮。

3. 先后将牡蛎肉、面筋、青蒜、葱段、姜末倒入，烧开后改小火烧3分钟，用水淀粉勾芡，淋入香油即成。

【营养功效】牡蛎有美容养颜、宁心安神、益智健脑的功效。

小贴士

还可将面筋放盐腌5分钟，咸味透进面筋里面，味道会更好。

制作方法

清烩海参

1. 将洗净的刺参在放有葱姜的煮汁中煮5分钟捞出切成片，胡萝卜切片，荷兰豆切去头尾。

2. 油锅中炒香姜丝，倒入荷兰豆、高汤、胡萝卜、海参片加盖煮4分钟。

3. 用淀粉加水成勾芡。

4. 加入葱花，淋下勾芡即可。

【营养功效】刺参，即海参，含蛋白质很多，含铁、碘、钒等微量元素也很丰富，不含胆固醇，脂肪含量又很低，是高脂血症患者的理想食品，近年还发现其对防治肿瘤也具有一定作用。

小贴士

急性肠炎、菌痢者不宜食。

主料: 刺参500克，胡萝卜、荷兰豆各50克。

辅料: 高汤、食用油、淀粉、葱花、姜片各适量。

制作方法

酸辣海参

1. 把水发海参洗净，放入沸水锅内汆一下，捞出沥水，切成片；鸡蛋打散，放锅内摊成鸡蛋皮，取出切成丝；猪里脊肉切成片，放沸水锅内汆一下，取出沥水。

2. 锅置火上，放清汤煮沸，放入水发海参片煮约5分钟。

3. 放入肉片、盐、酱油、料酒、醋、胡椒粉和味精烧煮，撇去浮沫，淋上香油，放入鸡蛋皮、香菜和葱丝即成。

【营养功效】海参与葱搭配食用，营养丰富，有滋肺补肾、益精壮阳的功效。

小贴士

上品干海参个体坚硬，不易掰开，分量较轻，敲击有木炭感，掷地有弹性、有回音。

主料: 水发海参250克，猪里脊肉75克，鸡蛋1个。

辅料: 香菜、清汤、葱丝、盐、胡椒粉、味精、酱油、料酒、醋、香油各适量。

红花黑豆鲇鱼汤

主料: 鲇鱼 1200 克。

辅料: 红花、黑豆、盐、陈皮各适量。

制作方法

1. 黑豆放入铁锅干炒至豆衣裂开,再用清水洗净,晾干。

2. 鲇鱼宰净;红花用漂洗干净,装入干净的纱布袋内;陈皮浸洗干净。

3. 锅内加入清水,先用大火煲至水沸,然后放入全部材料,待水再沸起,改用中火继续煲至黑豆熟,取出纱袋,加盐调味即可。

【营养功效】 此汤含丰富的蛋白质、碳水化合物、大豆黄酮苷、异黄酮苷类物质、维生素 B_1、维生素 A、维生素 C 等营养素。

小贴士

黑豆煲汤可乌发美容,使头发富有光泽和弹性。

银鱼稀卤豆花

主料: 银鱼 300 克,豆腐 200 克,红椒 10 克,香菇 10 克。

辅料: 鸡蛋、水淀粉、香菜、葱、姜、盐、鸡精、香油、食用油各适量。

制作方法

1. 银鱼洗净,豆腐切块。

2. 锅内倒入水,放入豆腐,加入盐、淀粉煮5分钟左右取出,放入碗中,再放入香菇末、红椒末、香菜。

3. 锅内倒入食用油,下葱、姜煸炒出香味,倒入水,沸腾后放入银鱼,加盐、鸡精调味,水淀粉勾芡,打入鸡蛋花,淋香油,浇在豆花上即可。

【营养功效】 银鱼属高蛋白、低脂肪食品,具有补脾胃、润肺止咳、助消化之效。

小贴士

银鱼可制软炸菜肴,还可制汤。

制作方法

1. 银鱼摘去头尾；鸡蛋磕入碗中，加盐搅散；笋丝入开水锅中余一下捞出；木耳泡发，洗净，沥干。

2. 锅内放食用油烧热，下银鱼煸炒，将银鱼倒入蛋液中搅和。炒锅内再放食用油烧热，倒入银鱼和蛋液，待一面煎黄后，端起炒锅翻身，再煎另一面。

3. 蛋饼煎熟后，用勺将蛋饼切成四大块，加入料酒、酱油、盐、糖、味精、白汤，倒入笋丝、木耳，加盖用小火焖烧两三分钟，大火收汁，放入韭菜段即成。

【营养功效】银鱼属高蛋白、低脂肪食品，常食可延年益寿。

小贴士

　　银鱼要冲洗三四次，然后用开水烫一下。

太湖银鱼

主料：银鱼 300 克，鸡蛋、笋各 100 克，韭菜、黑木耳各 30 克。

辅料：酱油、料酒、食用油、白汤、盐、糖、味精各适量。

制作方法

1. 白蛤开边，洗净。

2. 在处理好的白蛤上撒盐，放入豉汁，烤熟即可。

【营养功效】蛤蜊富含蛋白质、脂肪、碳水化合物、铁、钙、磷、碘、维生素、氨基酸和牛磺酸等多种成分,是一种典型的低热量、高蛋白食品。常食可滋阴润燥、利尿消肿、软坚散结。

小贴士

　　蛤蜊是青岛的特产，主要产于胶州湾内。由于肉质鲜美，营养丰富，因此被誉为"天下第一鲜"、"百味之冠"。

豉汁烧白蛤

主料：白蛤 250 克。

辅料：豉汁、盐各适量。

粉丝蒸青蛤

主料： 青蛤 750 克，粉丝 100 克，蒜蓉 30 克。

辅料： 红椒、姜、食用油、盐、味精、糖、淀粉、葱花各适量。

制作方法

1. 青蛤用开水烫开，摆入碟内；红椒切粒；粉丝浸软切段。

2. 将粉丝铺在青蛤上，然后将蒜蓉、红椒粉加入盐、味精、淀粉、油、糖拌匀，撒于粉丝上。

3. 将原料放入蒸笼，用大火蒸约 10 分钟，取出，撒上葱花即成。

【营养功效】青蛤除含有较高的蛋白质、脂肪、碳水化合物以外，还含有钙、磷、铁等营养元素，是营养价值较高的海洋贝类。

小贴士

青蛤一定要蒸熟蒸透，这样才可将青蛤内的细菌杀死。

水瓜煮泥鳅

主料： 泥鳅 150 克，水瓜 100 克，生姜 10 克，鸡腿菇 10 克。

辅料： 食用油、盐、味精、鸡精、料酒、胡椒粉各适量。

制作方法

1. 水瓜去皮切片，姜切丝，鸡腿菇切片。

2. 泥鳅用开水烫死，倒出，用清水冲洗干净，剖开肚去掉内脏，沥干水分待用。

3. 烧锅放食用油，放姜丝入锅，下泥鳅，加料酒、清水，入水瓜、鸡腿菇，调入盐、味精、鸡精煮约 5 分钟，撒入胡椒粉即可。

【营养功效】泥鳅有利于人体抗血管衰老，故有益于老年人及心血管病人。

小贴士

泥鳅人人可食，诸无所忌。

制作方法

1. 泥鳅与葱白、姜片一并下温水锅汆一下捞出，拣出葱、姜，泥鳅与料酒、上汤、盐一起放入碗中，上笼蒸熟取出，滗出汤汁。

2. 鸭蛋取清放入汤碗，打散，加入晾凉的泥鳅汤，调以盐、味精，上笼蒸3分钟取出。

3. 火腿、香菇、芥菜均切成片，同下汤锅汆熟捞起，沥干水，与泥鳅一起铺在芙蓉面上。

【营养功效】泥鳅含有不饱和脂肪酸，有利于人体抗血管衰老。

小贴士

蒸泥鳅应大火足汽，蒸的时间宜长。

秋水芙蓉

主料: 泥鳅500克，鸭蛋500克，芥菜50克。

辅料: 火腿、香菇、上汤、料酒、葱、盐、姜、味精各适量。

制作方法

1. 将泥鳅活杀，去肠脏，并用开水汆去血水，去黏液后待用。

2. 豆腐洗净切小块。

3. 锅内放食用油，下姜爆香泥鳅，加白酒，下豆腐块微煎，下少许清水，加盐调味，水淀粉勾芡，小火焖透，撒葱花即可。

【营养功效】豆腐不含胆固醇，为高血压、高血脂症患者的药膳佳肴。

小贴士

买回的泥鳅宜放在水中静养30分钟，待泥鳅吐净腹内泥土、杂物后，再捞出使用。

豆腐焖泥鳅

主料: 泥鳅250克，豆腐80克。

辅料: 食用油、姜、淀粉、白酒、盐、葱各适量。

图书在版编目（CIP）数据

家庭营养荤菜1688例 / 犀文图书编写. — 杭州：
浙江科学技术出版社，2015.10

ISBN 978-7-5341-6914-4

Ⅰ.①家… Ⅱ.①犀… Ⅲ.①荤菜—菜谱
Ⅳ.①TS972.125

中国版本图书馆CIP数据核字（2015）第212247号

书　　名	**家庭营养荤菜1688例**	
编　　写	犀文圖書	

出版发行 浙江科学技术出版社

　　　　杭州市体育场路347号　邮政编码：310006

　　　　办公室电话：0571-85176593

　　　　销售部电话：0571-85176040

　　　　网　　址：www.zkpress.com

　　　　E-mail：zkpress@zkpress.com

排　　版 广东犀文图书有限公司

印　　刷 浙江新华数码印务有限公司

经　　销 全国各地新华书店

开　　本	710×1000　1/16		印　张	16
字　　数	200 000			
版　　次	2015年10月第1版		印　次	2015年10月第1次印刷
书　　号	ISBN 978-7-5341-6914-4		定　价	29.80元

责任编辑 刘　丹　李骁睿　　　**责任印务** 徐忠雷

责任校对 王　群　王巧玲　　　**责任美编** 金　晖